# MERCEDES-BENZ
**Schwerlast-Zugmaschinen**

 2006

Verlag Podszun-Motorbücher GmbH
Elisabethstraße 23-25, D-59929 Brilon
Herstellung Druckhaus Cramer, Greven
Internet: www.podszun-verlag.de
Email: info@podszun-verlag.de

ISBN 3-86133-409-7

Für die Richtigkeit von Informationen, Daten und Fakten kann keine Gewähr oder Haftung übernommen werden. Es ist nicht gestattet, Abbildungen oder Texte dieses Buches zu scannen, in PCs oder auf CDs zu speichern oder im Internet zu veröffentlichen.

Stefan Jung / Wolfgang Hauch

# MERCEDES-BENZ
## Schwerlast-Zugmaschinen

# Inhalt

Vorwort .................................................................... 5

Rückblick .................................................................. 6

Entstehung einer Schwerlastzugmaschine ...................................... 9

Die Baumuster 3250A(S) und 3850A(S) ........................................ 12

■ Transportbericht: 281 t schwerer Tischholm auf dem Weg nach China ....... 28

Schweizer Spezialität – Typ 2636AS mit Doppel-Turbo ........................ 30

Die ersten 4-Achs-Sattelzugmaschinen Typ 3336S ............................. 31

Das Baumuster 4050AS 8x6 ................................................... 34

Das Baumuster 4850A 8x8 .................................................... 38

2644S Zugmaschinen der „Neuen Generation" NG .............................. 43

Die Universalzugmaschine 3544S ............................................. 48

Das Baumuster 4044S ........................................................ 57

2648S 3-Achser der „Schweren Klasse" SK ................................... 59

3548S 4-Achser der „Schweren Klasse" SK ................................... 62

■ Transportbericht: Ein 160 t schwerer Wascher geht auf Reisen ............ 70

3-Achser SK 2650/3050 und 2644 ............................................. 77

SK 3550S 8x4 und 3550AS 8x6 ................................................ 80

SK 3-Achser – letzte Generation ............................................ 88

■ Spezial: Zugmaschinen von Mercedes-Benz bei der Eisele AG aus Maintal ... 98

SK 4-Achser – letzte Generation ............................................ 100

■ Transportbericht: Transport eines 98 t schweren Trafos in der Schweiz ... 122

Die Generation Actros ...................................................... 125

■ Transportbericht: Trafotransport mit neuer universeller Kesselbrücke .... 152

■ Transportbericht: Ein neues Fahrgastschiff für den Ägerisee ............. 156

Actros – neue Generation ................................................... 159

■ Transportbericht: Transport einer 147 t schweren Turbine ................ 163

■ Transportbericht: Ein Test für den Airbus A380-Transport ................ 167

Firma Paul Nutzfahrzeuge ................................................... 170

Blick in die Zukunft ....................................................... 173

# Vorwort

Schwerlastzugmaschinen sind Fahrzeuge, die immer dann eingesetzt werden, wenn normale Zugmaschinen nicht mehr über ausreichend Zugkraft verfügen. Sie besitzen spezielle technische Ausrüstungen, mit denen sich Schwertransporte bis zu 250 t und mehr bewegen lassen.

Es versteht sich von selbst, dass diese Fahrzeuge sich nicht nur technisch von einem normalen Fahrzeug dieser Art unterscheiden.

Mit seiner Nutzfahrzeugsparte ist der DaimlerChrysler Konzern Weltmarktführer. Die Produktpalette ist hierbei so breit gestaffelt, wie bei keinem anderen Hersteller. Von den Verkaufszahlen her ein eher unbedeutender, jedoch für das Image wichtiger Bereich sind die Schwerlastzugmaschinen, denen sich dieses Buch widmet.

Die Autoren versuchen alle wichtigen Fahrzeugtypen aufzuführen, was jedoch keine leichte Aufgabe ist, da Schwerlastzugmaschinen schlichtweg Kleinserienfahrzeuge sind, die fast immer speziell nach Kundenwunsch gebaut oder modifiziert werden. So gleicht fast kein Fahrzeug dem anderen, was vor allem für die ersten Generationen gilt. Bei den neueren Baureihen ab SK Mitte der Neunzigerjahre sind jedoch vermehrt Standardversionen „von der Stange" anzutreffen, vermutlich eine Kostenfrage. Die Konkurrenz ist gewachsen und lässt weniger Spielraum für optische Leckereien.

Die Autoren wollen allerdings keinen Typenkatalog präsentieren, sondern die Fahrzeuge bei ihrem täglichen Einsatz, dem Transport großer und schwerer Lasten, um dem Leser den Sinn dieser Fahrzeuge zu veranschaulichen.

Heutzutage haben nicht mehr nur reine Schwertransporteure solche Fahrzeuge im Fuhrpark, sondern auch Bauunternehmer, die damit ihre eigenen großen Baumaschinen bewegen.

Mehrere ausführliche Transportberichte lockern den Inhalt auf und gestatten weitere Einblicke in die faszinierende Technik beim Einsatz.

Wetter, Rohrwiller im August 2005

Wolfgang Hauch

Stefan Jung

# Dank

Viele Bilder stammen aus unserer 20-jährigen Freizeitaktivität in Sachen Schwertransport, jedoch ohne die Unterstützung unserer Hobbykollegen sowie der kooperierenden Schwerlastunternehmen, wäre dieses Buch nicht möglich gewesen.

Unser Dank gilt: Harm Adams, Thorsten Brüggemann, Thorge Clever, Geoff Davies, Jean-Luc Dossmann, Wolfgang Draaf, Markus Endt, Michael Frauenkron, Charles Glimm, Hans Hach, Markus Heinle, Konstantin Hellstern, Ralf Hettler, Pascal Jeanty, Wolfgang Jüptner, Harry Keinath, Bernd Kauffmann, Ralf Koch, Dennis Krüger, Ralf Lang, Alexander Luig, Alberto Milano, Michael Müller, Thomas Naber, K.-H. Neugebauer, Rainer Ohnmeis, Christian Perrin, Stefan Priemer, Wolfgang Pues, Rolf Riedel, Albrecht Schilde, Andreas Schuhmacher, Uwe Schweizberger, Bruno Sommer, Arie van Urk, Jochen Walz, Jan van Wees, Ferdinand Willaczek, B.-U. Zimmer, Michael Zitka und den Firmen: Belin, Biedenbach, Brande Maskintransport, Caba, Cadzow, Eisele, Geser, Gollwitzer, Kreiling, Leitenmeier, Nurmienen, Rawcliffe, Siefert, Statnett und Wallek.

Besonderer Dank gilt den Firmen Daimler Chrysler, Titan Spezialfahrzeuge und Paul Nutzfahrzeuge, welche unser Vorhaben unterstützten.

# Rückblick

Bis Ende der Siebzigerjahre wurden solche Zugmaschinen von renommierten Herstellern wie Faun und Kaelble als eigenständige Konstruktionen entwickelt und gebaut, lediglich bei den Motoren wurden Industrieaggregate von beispielsweise Deutz, Mercedes oder MTU verwendet. Diese Fahrzeuge waren sehr teuer in der Anschaffung und ausschließlich zum Transport sehr schwerer Lasten ausgelegt. Die günstigen 3-achsigen Großserien-Lkw waren wiederum technisch als Schwerlastzugmaschine ungeeignet.

Beim Schwertransportpionier Heinrich Schütz aus Hagen reifte die Idee, diese Lücke zu schließen. Gemäß dessen Vorstellungen entstand ein Fahrzeug, das stärker war, als herkömmliche Serienfahrzeuge, aber wesentlich kostengünstiger als Spezialentwicklungen, wie z. B. Faun- oder Kaelble-Zugmaschinen.

Daraufhin entwickelte 1977 die damals im badischen Berghaupten ansässige Firma Titan Stahl- und Gerätebau die allererste, aus größtenteils Großserienkomponenten bestehende Schwerlastzugmaschine.

Das Fahrzeug wurde auf einem Mercedes 2632 Allrad Kipperfahrgestell aufgebaut, als Motor kam ein 420 PS starker, frei saugender Daimler-Benz 12-Zylinder-Motor zum Einsatz. Ein 8-Gang-Synchrongetriebe mit angebauter Wandlerschaltkupplung (WSK) von ZF vervollständigte die Serienteile. Von Titan wurde eine zusätzliche Kühlanlage für das Öl der WSK installiert.

Mit diesen konstruktiven Maßnahmen wurde die Forderung von Heinrich Schütz erfüllt, an Steigungen mit 180 t Zuggewicht anfahren zu können. Erreicht wurden stattliche 15,2 Prozent.

Vom TÜV erhielt dieses Fahrzeug später eine Zulassung für 32 t zulässiges Gesamtgewicht (zGG), anstelle der 30 t zu Beginn. Deshalb wurde die Bezeichnung nachträglich in Z3242 geändert. Die Zugmaschine war übrigens universell im Sattelzug- oder im Anhängerbetrieb einsetzbar.

Mercedes-Benz stieg in den Achtzigerjahren selbst in dieses Marktsegment ein und wählte das im schweizerischen Arbon ansässige NAW-Werk als Produktionsstandort für die mit viel Handarbeit in Kleinserie gefertigten Spezialzugmaschinen aus.

Die erste Titan Z3242 Schwerlastzugmaschine, die für die Hagener Firma Schütz gebaut wurde

Eine Z3242 in den markanten Farben der Gelsenkirchener Firma Siefert. Das gepflegte Fahrzeug hat mittlerweile über 25 Dienstjahre auf dem Buckel und befindet sich 2005 noch immer im Einsatz

Neben dem Siefert-Fahrzeug ist das Wirzius-Exemplar 2005 der einzige noch eingesetzte Titan in Deutschland. Dieses aus der ehemaligen DDR stammende Fahrzeug, das die Firma Wirzuis aufwändig restaurieren ließ, steht für besondere Aufgaben zur Verfügung

Eine der letzten gebauten Titan mit Mercedes-Technik besaß ein 530-PS-Triebwerk mit Turbolader und war lange bei Bohnet im schweren Einsatz

Die folgenden Seiten beschreiben diese Fahrzeuge. Es gibt sie in zahlreichen Varianten, da es neben einer Grundversion oft spezielle Kundenwünsche zu berücksichtigen galt. Weiterhin stieg in den vergangenen Jahren aufgrund der zunehmenden zu transportierenden Schwerlastgüter die Nachfrage nach für den Schwertransport tauglichen Zugmaschinen.

Es wird die Entwicklung der Mercedes-Benz Schwerlast-Zugmaschinen von den Anfängen bis zu den aktuellen Fahrzeugen dargestellt, wobei eine chronologische Abfolge schwierig ist, da die unterschiedlichen Basisversionen zeitlich nebeneinander entwickelt und produziert wurden.

Die 2636A, wie z. B. das Fahrzeug der Firma Brandt, waren die „Brot und Butter"-Autos im Fuhrpark einer Schwerlast-Spedition. Obwohl sie teils mit Wandler bestückt auch größere Lasten bewegten, handelt sich jedoch um Serien-Lkw. Sie werden deshalb im Buch nicht weiter betrachtet

Die beiden 3348S werden zwar als Schwerlastzugmaschinen betrieben; die Berücksichtigung solcher Fahrzeuge würde aber den Rahmen dieses Buches sprengen

# Entstehung einer Schwerlastzugmaschine

Am Beispiel der Actros-Baureihe zeigen wir, welche Modifikationen an einer Standard 3-Achser Zugmaschine durchgeführt werden, um sie schwertransporttauglich zu machen.

Von außen nicht oder nur schwer erkennbar sind die Modifikationen im Antriebsstrang, die jedoch die wichtigste Umbaumaßnahme darstellen. Zwischen Motor und Getriebe wird anstelle einer herkömmlichen Trockenkupplung eine hydro-dynamische Wandler-Schaltkupplung (Kurzbezeichnung: WSK) implantiert. Die Funktion soll hier nur prinzipiell, aber verständlich erläutert werden.

Das Hauptproblem eines Schwerlast-Lkw ist es, unter Umständen an einer Steigung das Gewicht von mehr als fünf herkömmlichen Lkw in Bewegung zu setzen. Hier würde sich eine Trockenkupplung sehr schnell mit Rauchzeichen verabschieden. Eine WSK besitzt einen wesentlichen, konstruktiven Unterschied zu einer Scheiben-Reibkupplung; es gibt keine mechanische Verbindung zwischen Antriebsquelle und Getriebe. Und wie bitte wird dann die Kraft übertragen? Im Prinzip recht einfach, der Motor treibt ein Flügelrad (Pumpenrad) an, welches sich in einem Ölbad befindet. Das Öl wird in eine Rotationsbewegung versetzt und bringt so ein zweites Flügelrad zwangsläufig in Rotation. So wird die Antriebskraft an das angeflanschte Getriebe weitergeleitet.

**Zwei Beispiele zeigen den Unterschied zwischen Basisfahrzeug und fertigem Umbau zum 4-Achser**

Der beschriebene Kühler für die WSK befindet sich beim Actros SLT oben rechts

Die mechanische Entkopplung bedeutet aber auch, dass kurzzeitig nichts passiert, wenn der Fahrer Gas gibt. Es muss zuerst das Wandleröl in Bewegung gesetzt werden, um das Getriebe mit Energie zu versorgen.

Dieser vermeintliche Nachteil hat allerdings einen Riesenvorteil für den Schwerlast-Lkw. Die Energie, die notwendig ist, um das Wandleröl in Rotation zu versetzen, wird teilweise gespeichert und als Drehmomentverstärkung an das Getriebe weitergeleitet. So erreicht man je nach WSK-Typ beim Anfahren (nur beim Anfahren, aber genau da ist es notwendig) das 2,5-fache Drehmoment gegenüber dem Antriebsmotor.

Ein Nachteil dieser Konstruktion darf allerdings nicht verschwiegen werden. Der Wirkungsgrad einer WSK ist trotz intelligenter Konstruktion sehr schlecht. Im Klartext, die in das Öl gesteckte Energie lässt dieses nicht nur rotieren, sondern vor allem stark erhitzen. Daher ist eine zusätzliche Kühlung erforderlich. Zudem wird diese Treibstoff fressende Kupplung über Drehzahlsteuerung mit einer parallelen Scheibenkupplung z. B. nach einem Anfahrvorgang überbrückt, um die Verluste im Rahmen zu halten.

Das Hitzeproblem einer WSK führt in der Regel zu einem sichtbaren Unterschied dieser Maschinen zu herkömmlichen Zugmaschinen. Meist hinter dem Fahrerhaus angeordnet befindet sich ein Zusatzkühler für das Getriebe- und Wandler-Öl, oft in Ergänzung mit einem Öl-Vorratsbehälter, um das Ölvolumen zu vergrößern.

Vom Antrieb her ist unsere Zugmaschine jetzt optimal ausgestattet, aber es bedarf noch einiger Modifikationen am Fahrgestell, um Lasten von mehr als 200 t ankuppeln zu können. Am Fahrzeugheck wird eine Traverse angebracht, die es erlaubt, eine ausreichend dimensionierte Anhängerkupplung wie z. B. eine Rockinger 56E so zu platzieren, dass ein Schwerlastanhänger angekuppelt werden kann.

Ist die zu bewegende Last zu schwer für eine Zugmaschine, ist es erforderlich, eine weitere anzuhängen, in der Regel als Schubfahrzeug am Ende des Anhängers. Hierzu besitzen die meisten Schwerlastzugmaschinen vorne eine spezielle Schwerlaststoßstange mit einer Traverse zur Verstärkung des Fahrzeugrahmens. An diese kann wahlweise eine Anhänger- oder Registerkupplung montiert werden.

Hecktraverse mit angeschraubter Rockinger 56E Anhängerkupplung

Rohzustand einer Schwerlaststoßstange mit Rahmenverstärkung

An diesem Actros-SLT 4160 ist die vierte Achse bereits montiert. Der Gewindestab muss noch durch einen Luftbalg ersetzt werden

Soll eine Zugmaschine auch als Sattelzug Schwerlasten bewegen, muss eventuell der Rahmen verstärkt werden, um eine große Sattelplatte (z. B. Jost JSK38G) aufzunehmen. Weiterhin wird in der Regel eine Hydraulikanlage mit Anschlüssen installiert, um die Lenkung des Aufliegers versorgen zu können.

Da gesattelte Schwerlastkombinationen weniger Totgewicht besitzen, haben sich diese mittlerweile in Europa vorzugsweise als 4-Achser durchgesetzt. Diese bieten je nach Fahrzeugtyp über 20 t Nutzlast, dazu jedoch mehr in einem der folgenden Kapitel.

Alle zuvor beschriebenen Maßnahmen sind in der unten stehenden Grafik, soweit möglich, farblich dargestellt. Sie zeigen die Unterschiede einer Basis 3-Achser Zugmaschine zu einer daraus umgebauten 4-Achser Schwerlast-Zugmaschine der Actros-Baureihe.

In dieser Grafik eines 4-Achsers sind alle Ergänzungen farblich abgehoben dargestellt

# Die Baumuster 3250A(S) und 3850A(S)

Die 1984 vorgestellten Zugmaschinen der Baureihe 3250A/3850A wurden von Mercedes-Benz als reine Schwerlast-Zugmaschinen entwickelt und waren mit permanentem Allradantrieb ausgestattet. Der Unterschied beider Typen beruhte lediglich auf dem unterschiedlichen zulässigen Gesamtgewicht von 32 t bzw. 38 t, was durch die Verwendung unterschiedlich starker Achsen erreicht wurde. Die 3850A besaß zumindest laut Datenblatt eine größere 12,00R24-Bereifung, auf Wunsch wurden allerdings auch 20-Zoll-Reifen ausgeliefert. Eine Unterscheidung ist daher nicht einfach. Es gab auch Exemplare der 3250A, die an der Tür ein 3850-Schild trugen!

Der Antriebsstrang bestand aus einem 500 PS starken OM 423 LA V10-Motor mit zwei Turboladern und Ladeluftkühlung. Daran schlossen sich die obligatorische WSK sowie ein 16-stufiges Synchrongetriebe 16S-160A mit integriertem Verteilergetriebe, beides von ZF, an. Die Radstände betrugen 3800 und 1450 mm. Um die Kraft auf die Straße zu bringen, besaßen Verteilergetriebe sowie auf Wunsch auch die Antriebsachsen sperrbare Differentiale.

Das zulässige Lastzug-Gesamtgewicht war mit 220 t angegeben, damit konnten Steigungen bis 13/16 Prozent (3850A/3250A) bewältigt werden. Der Unterschied ergibt sich durch die unterschiedlichen Achsübersetzungen beider Typen.

| **Fahrzeug-Typ** | NG 3250A / NG 3850A |
|---|---|
| Achs-Formel | 6x6 |
| Basis-Radstand | 3800 mm |
| Abstand 1. - 2. Achse | 3800 mm |
| Abstand 2. - 3. Achse | 1450 mm |

Eine der ersten 3850A auf dem Weg zu einer Testfahrt

Die 3850AS des Kranunternehmens Riga aus Mainz war selten mit Ballastpritsche ausgestattet; in der Regel wurde sie als Sattelzugmaschine eingesetzt

Ein weiteres Riga-Fahrzeug, die 3250AS. Bei ihr wurde nachträglich der 500-PS-10-Zylinder durch einen V8 mit 440 PS ausgetauscht. Im Zuge von Renovierungsarbeiten erhielt sie vorne die Radläufe der SK-Baureihe

MB 3850AS der Firma Baumann, gefahren wird eine auf Drehschemeln befestigte Kolonne

Die 3850AS der Firma Grundt, beladen mit einem Generator-Teil des Kraftwerkes Vianden/Lux

Ein 220-t-Generatorstator ruht auf 14 Goldhofer THP-Achsen auf dem Weg Richtung China

Hier testet die Firma August Alborn eine MB 3850AS, ziehen muss dieses Gespann eine Brecheranlage, verladen auf einer unüblichen Kombination mit vorne vier und hinten drei Achsen

Die MB 3850AS der Firma August Alborn wurde anfangs mit einer „normalen" Stoßstange ausgeliefert. Im Zuge einiger Modifikationen an der Zugmaschine wurde auch die Stoßstange samt Trittstufen neu gefertigt. Mit Ballastbox ausgestattet ist sie ein ideales Fahrzeug zum Schiebebetrieb bei Schwertransporten

Ein Druckbehälter ruht auf acht Goldhofer THP-Achslinien. Gezogen wird die Fracht von einer MB 3850AS der Firma Baum Köln

Das zweite Fahrzeug der Firma Baum war eine 3250AS. Es war mit einer für Baum typischen Ballastpritsche ausgerüstet, die schräg nach hinten abfällt

Transport eines Unterwagens für einen Hafenmobilkran, die Ladung liegt auf einem 10-achsigen Scheuerle Roller

Bei der Firma Franke waren zwei MB 3850AS 6x6 im Fuhrpark, die aber unterschiedlich lackiert waren

Die 3850AS auf diesem Bild war ein Ausstellungsstück einer Messe und wurde vom Betreiber nicht umlackiert

Hier ist das gleiche Fahrzeug zu sehen, es wurde von der Firma Sauter aus Frankfurt übernommen und in deren Hausfarben lackiert. Weiterhin wurde zu einem späteren Zeitpunkt auf eine kleinere 20er Bereifung umgestellt

Diese MB 3850 der Firma Sauter besitzt die kleine Bereifung. Die großen Radläufe vorne lassen auf einen nachträglichen Umbau schließen. Der kleinere Raddurchmesser verringert die Übersetzung, damit steigt die Zugleistung an

3250AS der Firma Morschhäuser bei einer Ruhepause. Bei der Zugmaschine haben die vorderen Kotflügel einen kleineren Radausschnitt passend für die 20-Zoll-Bereifung

Fahrzeug der Firma Schindler mit Rammschutz an der Stoßstange. Hier sieht man gut den großen Radlauf passend zu der 24-Zoll-Bereifung

Diese MB 3850 der Firma Arminger kommt ohne Schwerlaststoßstange aus. Sie ist trotzdem als Schubmaschine einsetzbar, was an den Luftanschlüssen seitlich vom Nummernschild zu erkennen ist

Zweite MB 3850 der Firma Arminger war dieses Fahrzeug. Diese Zugmaschine verfügt über die „schwere" Stoßstange mit Registerkupplung

Nachdem die Felbermayr Unternehmensgruppe die Firma Arminger übernommen hatte, wurde diese MB 3250AS ein zweites Leben geschenkt. Die Zugmaschine verrichtet nun im Ausland ihren Dienst

**19**

Die Firma Heinrich Schütz aus Hagen war bekannt für ihre spektakulären Transporte, hier wird ein Pressenteil von einer MB 3850 AS bewegt. Hinten schiebt eine 4-achsige Titan Z4042

Auch die Firma Toman aus Österreich war im Besitz einer MB 3850AS 6x6

Eine recht seltene Aufliegerkombination von Goldhofer mit Dolly-Fahrwerk bewegt die MB 3850AS der Firma CSAD. Bei diesem tschechischen Unternehmen waren vier dieser Fahrzeuge im Einsatz

Bilder oben: Hier nun einige Transportszenen der Firma Lastra. Befördert wird ein wirklich gewaltiger Lagertank. Es ist die ehemalige Schütz-Maschine von der gegenüberliegenden Seite

Die zweite 3850AS 6x6 der Firma Lastra wurde im Rahmen der Zugehörigkeit zur Brambles Gruppe gebraucht von Toman übernommen. Die Radläufe wurden gegen neuere der SK-Baureihe ausgetauscht

Nach Beendigung der Schwerlastaktivitäten von CSAD wurden alle 3850AS von der Firma Nosreti übernommen und generalüberholt

MB 3850 der Firma Pieper im Hamburger Hafen bei der Überführung eines O&K-Baggers

Transport eines Lagertanks durch die Firma Panalpina mit ehemaliger MB 3850 der Firma Pieper. Das Fahrzeug ist in Indonesien stationiert

Die zweite 3850AS, die bei der Firma Pieper im Einsatz war, ist hier bei der Ankunft im Hamburger Hafen zu sehen. Ladung ist Teil eines Hafenkrans

Transport eines Lagertanks mit acht Goldhofer-Achsen und Hochbett

Geballte Kraft. Vier MB 3850AS ziehen einen Lagertank von einem Ponton. Darunter befinden sich auch die beiden ehemaligen Pieper-Autos

Transport eines Turmsegmentes einer Windkraftanlage in Japan. Bei dieser Zugmaschine ist das Lenkrad nachträglich auf die rechte Seite versetzt worden

Die Firma Nurminen aus Finnland befördert einen Druckbehälter bei schlechten Straßenverhältnissen. Die Kräfte, welche auf die Zugmaschine wirken, versuchen diese über die Vorderachse geradeaus zu drücken

Die MB 3850 der Firma B. K. Transport verfügt über seitliche Windleitbleche sowie einen Dachspoiler, was Mitte der Achtzigerjahre nicht üblich war

Die zweite MB 3850 in Dänemark war bei der Firma Dansk für die schweren Einsätze im Fuhrpark

Die Firma Caba, die in der Türkei beheimatet ist, hat sich auf den Transport von überdimensionierten Anlagenteilen spezialisiert. Hier einige Impressionen. Die beiden 3850AS wurden erst Ende der Neunzigerjahre angeschafft und sind somit welche der letzten gebauten Exemplare dieser Baureihe

Transport der Firma Q Transport in Südafrika. Beladen mit einer Turbine, die für ein Kraftwerk bestimmt ist

Die Firma Rotran aus Südafrika ist im Besitz mehrerer solcher MB 3850AS 6x6. Hier wird ein Anlagenteil mit 11 m Durchmesser und 263 t befördert

Die nach oben geklappte Deichsel wird benutzt, wenn mehrere Fahrzeuge im Verbund fahren. Aufgrund der Befestigung an der Stoßstange kann die Zugmaschine unter Belastung nicht mehr ausbrechen. Ein vergleichbares Verfahren setzt die DB in Deutschland ein

Man sieht es dem Fahrzeug nicht an, aber es ist in Diensten einer spanischen Firma

Bilder Mitte: Diese 3850AS ist mit für Wüstensand tauglichen Breitreifen und einer großen Seilwinde ausgerüstet

Noch ein Beispiel für eine typische Zugmaschine, wie sie im Nahen Osten eingesetzt wird

# 281 t schwerer Tischholm auf dem Weg nach China

Die stillgelegte Schmiede der Henrichshütte in Hattingen wurde komplett nach China verkauft. Hierzu wurde sie bis zur letzten Schraube abgebaut, um sie in China wieder aufrichten zu können. Eine gewichtige Komponente war ein 281 t schwerer Tischholm, der am 21. April 2004 per Schwertransport zur Verschiffung nach Gelsenkirchen gebracht wurde.

Hierzu setzte die ausführende Spedition Firma Siefert einen 16-achsigen Scheuerle Flatcombi Sattelauflieger ein, der von einer MB 3850AS 6x6 gezogen wurde. Als Schubmaschine diente die legendäre Titan Z3242 6x6, ein für diesen Zweck ideales Fahrzeug.

Die Maße des Tischholms betrugen 9500 x 6100 x 2560 mm. Zusätzlich musste zur besseren Lastverteilung aufgrund der kleinen Auflagefläche gegenüber dem hohen Gewicht ein Lastverteiler verwendet werden. So erreichte der Transport inklusive Schubmaschine ein Gesamtgewicht von etwa 370 t.

Der in der Nacht durchgeführte Transport verlief reibungslos, obwohl es der erste Einsatz mit 16-achsigem Sattelauflieger für die Firma Siefert war. Dank der guten Traktion der beiden Allrad-Zugmaschinen, bewältigte man an einer Steigung von sieben Prozent problemlos das Anfahren aus dem Stillstand.

Der 281 t schwere Tischholm ist Bestandteil einer 8500-t-Presse der Hattinger Schmiede

Kurvenfahrten mit den 16 Achsen des Aufliegers sind für den Fahrer nicht ganz einfach, da diese kräftig geradeaus drücken

Hier ist gut der Lastverteiler unter der Ladung zu erkennen

Nach acht Stunden Straßentransport wurde der Tischholm von Gelsenkirchen nach Antwerpen und von dort nach Dalian/China verschifft

Das Ziel ist erreicht. Auf dem Gelände der Firma Siefert wartet die Transport-Kombination auf die Verladung ins Schiff

# Schweizer Spezialität – Typ 2636AS mit Doppel-Turbo

In der Schweiz waren die 3850A-Zugmaschinen mit dem OM 423 LA V10-Motor und seinen zwei Turboladern und der Ladeluftkühlung wegen der dortigen Abgasbestimmungen nicht zulassungsfähig.

Gerade in der Schweiz werden jedoch wegen der bergigen Topografie starke Zugmaschinen benötigt. Der eigentlich mit 10-Zylinder-Saugmotor ausgestattete Typ 2636AS wurde hierzu als Basis für eine Schweizer Schwerlastzugmaschine verwendet.

Bei der Renntruck erfahrenen Firma Larag im schweizerischen Wil wurden zwei Turbolader, allerdings ohne Ladeluftkühlung, installiert. Diese Maßnahme verschaffte dem Motor zwischen 420 und 450 PS.

Die beiden oberen Bilder zeigen eines der beiden Exemplare, die bei der Firma Friderici aus Tolochenaz lange im Einsatz waren. Die kräftigen Anhängertraversen vorne und am Heck wurden von der hauseigenen Werkstatt angefertigt

Eine der extremsten Umbauten zeigt die 2636AS 8x6 der Firma Wipfli. Der findige Unternehmer schaffte es, einen Steinbrecher mit nur vier Achslinien zu transportieren und blieb trotzdem unter dem zulässigen Gewichtslimit.

Erreicht wurde dies durch Einsparung alles Überflüssigem, wie z. B. einem Baggerbett. Die Ladung ist freitragend angebolzt. Aus Gewichtsgründen besitzt die Zugmaschine auch nur ein kurzes Fahrerhaus. Das 450 PS starke Fahrzeug ist immer noch im Einsatz!

# Die ersten 4-Achs-Sattelzugmaschinen Typ 3336S

Im Jahr 1981 wurde von einem bekannten deutschen Schwertransportunternehmen in Eigenregie eine 4-achsige Sattelzugmaschine entwickelt. Nachdem diese eine Zugmaschine die TÜV-Abnahme und alle weiteren Dokumente für die Straßenzulassung erhalten hatte, mussten die großen Lkw-Hersteller ebenfalls solche 4-achsigen Sattelzugmaschinen entwickeln. Bei Mercedes-Benz entstand der Typ 3336S, der mit einem 360 PS leistenden 10-Zylinder-Saugmotor ausgestattet war. Für diese Fahrzeuge wurde eine 3-achsige Zugmaschine mit einer weiteren lenkbaren Vorlaufachse ausgestattet. Aufgrund des hierfür notwendigen Platzbedarfes wurden Treibstofftank, Auspuff, Batterie und Luftkessel auf einem Tragegestell hinter dem Fahrerhaus angeordnet, was man auch als Heckaufbau bezeichnet.

Von diesen ersten Mercedes 4-Achs-Sattelzugmaschinen wurde nur eine geringe Stückzahl gebaut, wobei die Fahrzeuge teils große Unterschiede aufwiesen, so bei der Anordung der Achsen sowie der hinter dem Fahrerhaus befindlichen Fahrzeugteile.

Nachfolgend stellen wir eine Auswahl dieser Baumuster vor.

**Zweimal das gleiche Fahrzeug. Das obere Bild zeigt die 3336S nach einer Renovierung. Die Sonnenblende wurde dabei nachträglich angebracht**

Eines der ersten gebauten Exemplare ging an die Firma Paule aus Stuttgart. Diese Zugmaschine verfügte über den symmetrischen Radstand von 2+2

Hier hat man eine schöne Ansicht vom Heckaufbau. Es sind bereits Gemeinsamkeiten mit der Nachfolgegeneration zu erkennen. Der Tank sitzt mittig, die Auspuffanlage befindet sich jeweils seitlich davon

Fahrzeug der Firma Zwagerman mit abgeflachtem Dach und symmetrischem Radstand. Dieser ist etwas länger als bei der Zugmaschine der Firma Paule

Das Fahrzeug der Firma Westfracht mit einem Kesselbett der Firma Kamag bei einer Ruhepause

Transport eines Menk-Baggers durch die Firma Kirberg. Der Radstand zwischen erster und zweiter Achse beträgt 1850 mm

Fahrzeug der Firma P. Wirzius, beladen mit einem Maschinenteil. Bei dieser Zugmaschine handelt es sich um einen nachträglichen Umbau durch die Firma Dautel

# Das Baumuster 4050AS 8x6

Von der 4050A wurden nur zwei Exemplare für österreichische Unternehmen gebaut. Das erste hier vorgestellte Fahrzeug ist eigentlich eine 3850AS 6x6, dem die Firma Schütz von der Firma Hüffermann eine Vorlaufachse einbauen ließ. Die benötigte aber soviel Platz, dass ihr die Antriebswelle zur Vorderachse weichen musste. Als Folge davon wurde aus der 3850AS 6x6 eine 3850S 8x4. Diese Konfiguration brachte zwar 6 t mehr an Nutzlast, aber auch eine nachteilige Traktion. Erst nachdem die NAW 8x6-Exemplare realisierte, wurde die Schütz-Zugmaschine nachträglich zum 8x6 umgebaut.

Bei diesem Transport mit über 600 t Gesamtgewicht gab es an den zahlreichen Steigungen mehrmals Traktionsprobleme. Die 3850S 8x4 schob dann rückwärts, um ihre Kraft besser auf die Straße zu bekommen

Dieser 4050AS 8x6 wurde bei NAW in Arbon gebaut und ist eines der zwei gebauten Exemplare für österreichische Unternehmen

Das gleiche Fahrzeug in den Farben der Firma Sauter, die es von Schütz erworben hatte. Danach wurde es von der Firma Wirzius übernommen

Das österreichische Unternehmen Prangl setzte diese 4050AS in seiner Hauptniederlassung in Brunn am Gebige in der Nähe Wiens ein. Hinter dem Heckaufbau ist noch nachträglich ein großer Tank angebracht worden

Das zweite gebaute Exemplar stand bei der Firma Felbermayr in Dienst. Bei diesem Transport eines mächtigen Radladers kommt zwischen Zugmaschine und den Goldhofer Plattform-Fahrwerken ein 2-achsiges Zwischendolly zur Nutzlaststeigerung zum Einsatz

Das Fahrzeug verrichtet seinen Dienst mittlerweile in Portugal bei der Firma Goncalo

37

# Das Baumuster 4850A 8x8

Diese 4850AS war eine Zeit bei der Firma Bohnet im Testeinsatz. Wegen des Allrad bedingten langen Radstands war sie für die teils engen Straßen in Deutschland einfach zu groß

Nachdem das Auto 1989 zeitweise bei der Firma Morschhäuser im Einsatz war, wurde es zum Abschlepper umgebaut und verrichtet mittlerweile seinen Dienst im Mercedes-Benz-Fahrversuch in Gaggenau

Es wurde wieder auf die 24-Zoll-Bereifung umgerüstet, im Zuge von Renovierungsarbeiten wurden Türen der SK-Baureihe sowie neue Radläufe eingebaut

In Schweden bei der Firma Bygg verrichtet diese 4850AS 8x8 einen ungewöhnlichen Dienst. Als Trägerfahrzeug für einen großen Ladekran zieht sie „nur" einen 3-Achser Semitieflader

Die Firma Sarilar in der Türkei bekam zwei solcher Exemplare, eines davon ist hier im Auslieferungszustand zu sehen

Bei GH Heavy Lift in Saudi-Arabien sind mehrere solcher Exemplare im Einsatz

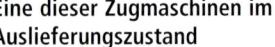

Eine dieser Zugmaschinen im Auslieferungszustand

Die Firma Trans Baouchi aus Algerien setzt ihre 4850AS normalerweise in Verbindung mit einem Doll-Auflieger ein

Im Alleingang zieht diese 4850A einen parallel gekoppelten Cometto Roller mit 13 Achslinien, beladen mit einem Generator

Ebenfalls für China ist diese 4850A bestimmt, die bei der Firma Titan mit einer Ballastpritsche ausgestattet wurde

In Zusammenarbeit mit einer 3850A und einem Scheuerle-Anhänger werden hiermit gewichtige Kraftwerksteile für den Drei-Schluchten-Staudamm transportiert

Die Firma Nippon-Express in Japan bewegt mit dieser ungewöhnlichen Kombination schwere Transformatoren. Eine Zugmaschine muss hierbei immer rückwärts fahren. Richtungswechsel sind jedoch wieder schnell durchführbar, da man sich das Umkoppeln spart

Man gönnt sich ja sonst nichts! Zumindest das Allrad getriebene Fahrgestell stammt von einem 4850A

**42**

# 2644S Zugmaschinen der „Neuen Generation" NG

Für alle Transportaufgaben, bei denen man auf Allrad-Zugmaschinen verzichten konnte, war der Typ 2644S ein ideales Fahrzeug. Er war bei den Schwerlast-Unternehmen sehr beliebt und ist vereinzelt immer noch im Einsatz. Der Grund hierfür liegt in der robusten Technik und der ausgezeichneten Zugleistung des V8-Motors OM 442 LA mit 14 618 cm$^3$, 320 kW/435 PS und einem maximalen Drehmoment von 1765 Nm.

Äußerlich sind die Fahrzeuge nicht mit den typischen Zusatzaggregaten einer Schwerlastzugmaschine bestückt, so dass nicht immer erkennbar ist, ob die Autos eine WSK besaßen.

| **Fahrzeug-Typ** | NG 2644S |
|---|---|
| Achs-Formel | 6x4 |
| Basis-Radstand | 3200 mm |
| | 3500 mm |
| | 3850 mm |
| Achsabstände | 3200+1350 mm |
| | 3500+1350 mm |
| | 3850+1350 mm |

Hier einige Rüstzustände einer MB 2644S. Einmal beim Transport mit aufgesatteltem Auflieger, ein anderes mal mit Ballastpritsche. Zudem noch eine schöne Heckansicht

MB 2644S der Firma Kronschnabel beim Transport eines neuen Autokrans von der Bauma zum Kunden

16-achsiger Nicolas-Roller, beladen mit einem Schiffsmotor. Gezogen und geschoben wird mit je einem MB 2644S 6x4

Diese MB 2644S mit der Antriebsformel 6x4 wurde von der Firma Stiftra eingesetzt und ist für die Schweiz eine seltene und unübliche Schwertransport-Zugmaschine

Bei den Fahrzeugen der Firma Paule fällt die eher untypische Farbgebung an der Stoßstange auf

DB im Einsatz, transportiert wird eine Turbine. Gefahren wird mit 2x10-Scheuerle-Achsen, die parallel gekoppelt sind

Das Fahrzeug der Firma Morof zieht eine Kombination von Goldhofer aus der THP-Reihe, beladen mit einem kleinen Rammgerät

Auf diesem Bild erkennt man gut, welche Leistung die Fahrzeuge früher erbringen mussten. Auch nach vielen Dienstjahren werden diese Fahrzeuge noch gerne eingesetzt. Dies liegt wohl u. a. an der robusten Bauweise

Schöne Kombination, Transport eines Großbaggers durch die Firma Bohnet

Die Fahrzeuge der Firma Seeland sind nachträglich mit einer zweiten Lenkachse ausgestattet worden. Beide Zugmaschinen wurden von der Firma Mammoet übernommen

# Die Universalzugmaschine 3544S

Auf der IAA 1987 präsentierte Mercedes-Benz das Baumuster 3544S 8x4/4. Das im schweizerischen Arbon gefertigte Fahrzeug basierte auf dem 3-Achser 2644S.

Die Zugmaschine ist für ein Lastzug-Gesamtgewicht von 180 t ausgelegt. Universalzugmaschine bedeutet, dass sie sowohl für Sattelzug- als auch für Anhängerbetrieb mit Ballastpritsche ausgelegt ist.

Bei einem Leergewicht von 10 500 kg verbleiben bei einem zulässigen Gesamtgewicht von 35 t 24 500 kg Nutzlast auf der Sattelkupplung.

| Fahrzeug-Typ | Achs-Formel | Basis-Radstand | Achsabstände | Bemerkung |
|---|---|---|---|---|
| NG 3544S | 8x4 | 3200 mm | 1850+1350+1350 mm | kurzer Radstand |
| | | 3500 mm | 2150+1350+1350 mm | mittlerer Radstand |
| | | 3850 mm | 2500+1350+1350 mm | Pieper-Zugmaschine |

Seitenansicht einer 3544S mit 2150 mm Radstand zwischen erster und zweiter Achse, der am meisten gebauten Variante

Der Heckaufbau besteht aus dem mittig angeordneten Tank. Rechts und links davon befinden sich die Auspuffanlage sowie die Batteriekisten. Die Luftkessel verbleiben am Rahmen, der Ölkühler für die WSK ist ebenfalls innerhalb des Rahmens verbaut und von außen nicht sichtbar

MB 3544 der Firma Morschhäuser, bei der nachträglich eine Stoßstange von Titan angebracht wurde

Bei den Zugmaschinen der Firma Scholpp wurden die hinteren Radkästen fast immer aus Alu-Riffelblech gefertigt. Zudem werden die Fahrzeuge sehr oft zum Transport von Kranballast verwendet

Transport eines Heizkessels mit Scheuerle Kesselbrücke durch die Firma Schmidbauer, Niederlassung Neu-Ulm

Diese MB 3544 der Firma Schmidbauer bewegt einen Demag Großbagger mit einem 7-achsigen Scheuerle Baggerbett

Die Firma P. Wirzius hatte auch einige MB 3544 im Fuhrpark

Baumaschinentransport der Firma Dieter Fendt

Die 3544S der Kranfirma Feldhusen verrichtet ihre zweite Dienstzeit mit dem Transport von Autokranzubehöhr

Acht Scheuerle-Achslinien werden von der MB 3544 gezogen, Ladegut ist ein Industriegetriebe

Die Firma Baumann hatte zwei Exemplare der MB 3544S mit 2150 mm Radstand im Einsatz

Die Firma Paule aus Stuttgart ist auf Großbehälter-Transporte mit Kesselbrücken spezialisiert

Hin und wieder werden auch schwergewichtige Teile wie z. B. eine Presse befördert. Der gezeigte Transport führte über eine bergige Strecke, zum Schieben kam der gute alte Titan Z3242 zum Einsatz

Die Firma Collett aus Großbritannien schaffte die 3544S als Gebrauchtfahrzeug aus den Niederlanden an

Diese 3544S war der erste 4-Achser der Firma Mayer aus Zweibrücken

Auffällig an diesem Fahrzeug war die Längsanordnung der oberen Luftkessel, was nur bei diesem Fahrzeug bekannt ist

Anhand des unverkennbaren Merkmals der 3544S der Firma Mayer ist das Fahrzeug links mit ziemlicher Sicherheit das ex Mayer Auto, dem eine neue Fahrerhaus-Optik der letzten SK-Generation verpasst wurde

Am Beispiel der beiden 3544S der Firma Bohnet lassen sich gut die beiden existierenden Radstände darstellen. Das Auto unten ist die Variante mit dem kurzen Radstand, was an den zwei Luftkesseln zwischen den beiden vorderen Achsen zu erkennen ist

Die Firma Hegmann besaß ebenfalls eine 3544S in der kurzen Version

Noch ganz neu! MB 3544 der Firma Wallek aus Garching bei München. Diese war eine der ersten Schwerlastzugmaschinen mit EPS

Das Wallek-Auto gelangte über die Firma Eisele (siehe Seite 98) zur Firma Peters aus Kerken

Trotz vieler Dienstjahre immer noch in Aktion, MB 3544 eines Schaustellerbetriebes

55

Oben: Hier sind noch zwei weitere Beispiele für „kurze 3544s" zu sehen

Ein Einzelstück ist die 3544S der Firma Pieper mit ihren 2500 mm Abstand zwischen erster und zweiter Achse

56

# Das Baumuster 4044S

Die 4044S 8x4 war ursprünglich nur in den Niederlanden anzutreffen. Der Unterschied zur 3544S 8x4 bestand in der symmetrischen Achsanordnung, die 40 in der Typenbezeichnung hängt mit den niederländischen Zulassungsbestimmungen zusammen, dort sind je Achse 10 t erlaubt.

| Fahrzeug-Typ | Achs-Formel | Basis-Radstand | Achsabstände | Bemerkung |
|---|---|---|---|---|
| 4044S | 8x4 | 3500 mm | 1350+2150+1350 mm | v. Seumeren |
|  |  | 3850 mm | 1350+2500+1350 mm | v. d. Vlist |

**Mit Ballastpritsche geht es zum nächsten Einsatz**

Die MB 2648S von dem Unternehmen Markewitsch besaß den gleichen Heckaufbau wie das Westfracht-Auto. Hier beim Transport eines überbreiten Anlagenteils

Die 2648S der Firma Bau-Trans war die Variante mit 3850 mm Radstand, hier ist sie mit einer Dolly-Kombination zu sehen

Die umgestylte Stoßstange sowie der zusätzliche Tank auf der linken Seite sind typische Merkmale einer Pieper-Zugmaschine

# Das Baumuster 4044S

Die 4044S 8x4 war ursprünglich nur in den Niederlanden anzutreffen. Der Unterschied zur 3544S 8x4 bestand in der symmetrischen Achsanordnung, die 40 in der Typenbezeichnung hängt mit den niederländischen Zulassungsbestimmungen zusammen, dort sind je Achse 10 t erlaubt.

| Fahrzeug-Typ | Achs-Formel | Basis-Radstand | Achsabstände | Bemerkung |
|---|---|---|---|---|
| 4044S | 8x4 | 3500 mm | 1350+2150+1350 mm | v. Seumeren |
|  |  | 3850 mm | 1350+2500+1350 mm | v. d. Vlist |

Mit Ballastpritsche geht es zum nächsten Einsatz

Diese MB 4044 besaß keinen Heckaufbau

Die Firma V. D. Vlist aus Holland war im Besitz mehrerer MB 4044. Die Zugmaschinen waren vom Rahmen her in ihrer Bauart gleich. Auf den Bildern kann man gut erkennen, dass die Fahrzeuge dennoch äußerliche Unterscheidungsmerkmale aufweisen

Diese Zugmaschine war mit schwerer Stoßstange ausgerüstet. Zudem ist der Kühlergrill in Wagenfarben lackiert und die farblich abgesetzten Streifen laufen vorne mittig zusammen

Bei einem Fahrzeug war mittig zwischen der Auspuffanlage ein Kühler verbaut

# 2648S 3-Achser der „Schweren Klasse" SK

Wie schon bei der Vorgängerbaureihe NG80 gab es bei der SK-Generation schwerlasttaugliche 3-Achs-Zugmaschinen. Die Anzahl der unterschiedlichen Baumuster hat jedoch deutlich zugenommen, was anhand der folgenden Bilder dokumentiert werden soll. Beim Heckaufbau wurden unterschiedliche Kühler verbaut, weiterhin waren die Fahrzeuge auch mit Allradantrieb (6x6) in Verbindung mit dem schmalen Fahrerhaus erhältlich.

| Fahrzeug-Typ | Achs-Formel | Basis-Radstand | Achsabstände | Bemerkung |
|---|---|---|---|---|
| SK 2648S | 6x4 | 3200 mm | 3200+1350 mm | kurzer Radstand |
|  |  | 3850 mm | 1850+1350 mm | langer Radstand |

Die 2648S der Firma Weiland mit 3200 m Radstand besitzt einen Heckaufbau, der dem der 3850A recht ähnlich sieht, er besitzt allerdings nur einen Luftansaugstutzen auf der rechten Seite

Beim Exemplar der Firma Westfracht sitzen zwei kleinere Kühler übereinander in dem Tragegestell, die Luftansaugung entspricht der Serienvariante

Die MB 2648S von dem Unternehmen Markewitsch besaß den gleichen Heckaufbau wie das Westfracht-Auto. Hier beim Transport eines überbreiten Anlagenteils

Die 2648S der Firma Bau-Trans war die Variante mit 3850 mm Radstand, hier ist sie mit einer Dolly-Kombination zu sehen

Die umgestylte Stoßstange sowie der zusätzliche Tank auf der linken Seite sind typische Merkmale einer Pieper-Zugmaschine

Bei der ehemaligen Breuer-Gruppe waren gleich mehrere 2648AS 6x6 im Einsatz. Neben der angetriebenen Vorderachse fällt das schmale hochgesetzte Fahrerhaus ins Auge

Zwei ex Breuer-Fahrzeuge, einmal im Einsatz bei einer Bauunternehmung in Saarlouis zum Transport der eigenen Baumaschinen. Ein weiteres Exemplar in Diensten eines der Folgeunternehmen, der Firma Breuer und Wasel in Hürth bei Köln

Ein Einzelstück ist die zum 4-Achser umgebaute 2648S 8x4/4. Die Firma Hüffermann baute eine liftbare Vorlaufachse vom Typ VLLe 7500 ein, dadurch wurde die Sattellast auf 23 t erhöht

# 3548S 4-Achser der „Schweren Klasse" SK

Auf der Internationalen Automobilausstellung (IAA) 1989 wurde in Frankfurt am Main die SK 3548S/8x4/41850 von Mercedes-Benz vorgestellt. Dieser auf den ersten Blick normale Vorgang hatte eine besondere Vorgeschichte. Zum ersten Mal fußte die Entwicklung eines Zugmaschinen-Konzeptes für den Großraum- und Schwertransportbereich auf dem Dialog zwischen Hersteller und der Gewerbevertretung dieses Bereiches, der Bundesfachgruppe Schwertransporte und Kranarbeiten (BSK).

In der Vergangenheit wurden natürlich auch 3-achsige Sattelzugmaschinen zu Schwerlastzugmaschinen umgerüstet oder Baufahrgestelle, die den Vorteil des längeren Rahmens hatten, für die Konzeption dieser Art von Zugmaschinen hergenommen. Nachteilig bei dieser Entwicklung war die Individualfertigung, d. h. es wurden hohe Produktionskosten in Kauf genommen. Und es gab eine Vielzahl von unterschiedlichen Grundkonzepten, obwohl man eigentlich glaubte, mit den Radständen von 320 cm oder 380 cm ein ausreichendes Angebot vorzuhalten. Die Praxis gebar die unterschiedlichsten Varianten.

Für Hersteller sowie Betreiber schwierig, da bei der Neuanschaffung vor der Zulassung stets die Zeremonie des Gutachtens eines amtlich anerkannten Sachverständigen für die neue Zugmaschine erfolgen muss. Bei einem Verhältnis von ziehender zu gezogener Einheit von 1:4 bis 1:7 ein zeit- und kostenaufwändiges Unterfangen. Daher suchte man nach einem Standard.

Unter dem Dach der BSK existiert der Technische Ausschuss „Schwertransport", welcher sich mit solchen Fragestellungen beschäftigte und da Mercedes-Benz eine ähnliche Überlegung anstellte, wurde an einem Konzept für die sogenannte „BSK-Schwerlastzugmaschine" gearbeitet. Das Grundkonzept war eine Zweiteilung, d. h. eine kompakte und leistungsstarke Zugmaschine für den Sattelbetrieb auch mit Blickrichtung einfaches Genehmigungsverfahren. Die andere Variante war ein längerer Radstand insbesondere für den Hängerbetrieb und damit für ein höheres Gesamtzuggewicht. In letzterem Fall sollte ein durchgehendes Rahmenkonzept ohne Schweißnähte zur Grundlage gemacht werden.

Gegenüber den bisherigen Konstruktionskonzepten wurde Augenmerk auf die Tieferlegung von Kotflügel und Montagerahmen für die Zusatzkühlanlage genauso gelegt, wie auf die verbesserte Steuerung der Achsdrücke über die Vorlaufachse in der 4-achsigen Variante. Hierdurch sollte eine gleichbleibend hohe Vorderachslast von bis zu 7,5 t erzielt werden. Gegenüber dem

Seitenansicht einer 3548S mit 2500 mm Radstand zwischen erster und zweiter Achse

Ein Blick auf den Schwerlastturm der beschriebenen Zugmaschine. Die beiden Bilder zeigen die zwei verfügbaren Tankgrößen von 600 bzw. 1000 l

Vorgängertyp, der 3544S, war eine WSK-Retarder mit Zusatzkühlaggregat hinter dem Fahrerhaus zur Erhöhung der Bremswirkung gefordert. Für die SK 3548S wurde die Ausführung mit WSK + Retarder integriert + 16 S 190/0,85 zum Standart definiert.

Die in der Vergangenheit stets auftauchende Schwierigkeit beim Einbau einer Schwerlast-Maulkupplung entstand durch die Standartausbildung eines abgeschrägten Rahmenendes. Für die „schwere" Ausführung sollte der Fahrzeugrahmen gerade enden, um den einfachen Anbau der Schwerlastkupplung zu ermöglichen. Als Kupplung wurde die Schwerlastkupplung vom Typ 56E vorne wie hinten ausgewählt. Auch an den Hilfsrahmen zur Aufnahme der Verschiebesattelkupplung wurde die Anforderung der Vereinheitlichung in Verbindung der möglichst geringen Einbauhöhe gestellt.

Für das Konzept des Aufbaus hinter dem Führerhaus sollte das Hauptaugenmerk auf einen platzsparenden Einbau gerichtet werden, so dass ein 600-l-Kraftstofftank senkrecht integriert werden konnte. Die Anschlüsse für die Elektrik sollten einheitlich konzeptioniert und direkt an dem Zusatzaufbau sowie am hinteren Rahmenende platziert werden. Aufgrund der unterschiedlichen Anforderungen sollte auch vorgesehen werden, dass Einzelaggregate aus dem Programm von Mercedes-Benz benutzt werden können, um so z. B. den höheren Luftbedarf bei den Plattform-Anhängern berücksichtigen zu können.

Dieses vorgenannte Konzept wurde auf der IAA 1989 erstmalig zur Besichtigung ausgestellt. Die SK 3548S/8x4/41850 basierte auf der SK 2648S und war bis zu einem Zuggesamtgewicht von 180 t ausgelegt. Der serienmäßig zum Einsatz kommende Motor OM 442 LA wies eine Leistung von 362 kW/492 PS und maximal 2020 Nm auf.

Die „BSK-Schwerlastzugmaschine" stieß im Verlaufe der IAA 1989 auf ein großes Interesse bei den Betreibern. Inzwischen ist es Tradition, dass die Gewerbevertretung die Vorstellungen kanalisiert an die herstellende Industrie weitergibt. Mit der SK 3548 S/8x4/41850 wurde damals ein erfolgreicher Anfang gemacht.

| Fahrzeug-Typ | Achs-Formel | Basis-Radstand | Achsabstände | Bemerkung |
|---|---|---|---|---|
| SK 3548S | 8x4 | 3200 mm | 1850+1350+1350 mm | kurzer Radstand |
| | | 3850 mm | 2500+1350+1350 mm | langer Radstand |
| | | - | 1850+2000+1350 mm | Umbau Mammoet 3548 |
| | | 4100 mm | 2750+1350+1350 mm | Schindler Zugmaschine |

Die 3548S der Firma Mayer war die Vorführzugmaschine anlässlich der IAA von 1989. Hier zieht sie eine 300-t-Kesselbrücke von Scheuerle bei deren erstem Einsatz, beladen mit einem Behälter

Fahrzeug der Firma TKR beim Transport einer Brecheranlage. Diese Kombination darf maximal 107 t Gesamtgewicht haben, wenn eine Achslast von 12 t an den Pendelachsen nicht überschritten werden soll

Abholung einer Baumaschine von einer Messe

Noch alles recht neu. Fahrzeuge der Firma Knaak kurz nach der Übernahme in den eigenen Fuhrpark

MB 3544 der Firma Scholpp beim Transport eines Segmentes einer Tunnelbohrmaschine mit 16 Goldhofer-Achslinien

Doppeltraktion! Zwei Zugmaschinen der Firma Bohnet im Tandemeinsatz. Ein Pressenteil wird von einem Ponton gezogen

Die Firma Auto Klug aus Hof befördert öfters Baumaschinen zu Steinbrüchen. Hier wartet das Gespann auf die Weiterfahrt

Mastteile eines Großkrans sind an ihren Bestimmungsort gebracht worden

Transport einer Baumaschine auf matschigem Untergrund

**66**

Am 3548S 8x4 der Essener Firma Westfracht wurde nachträglich die Stoßstange verstärkt und mit einer Registerkupplung versehen

Der in Colmar/Frankreich ansässige Schwerlastspediteur Straumann setzte diese 3548S mit deutscher Zulsassung ein, da zu der damaligen Zeit 4-achsige Zugmaschinen in Frankreich nicht zulassungsfähig waren

Diese Kombination verträgt maximal 65 t Gesamtgewicht. Daher sollten nicht allzu schwere Lasten damit bewegt werden

67

Bei der 3548 mit 2500 mm Radstand war ausreichend Platz für einen Staukasten, wie hier beim Exemplar der Firma Baumann

Eine interessante Transportlösung für den Ballastrahmen eines Liebherr LTM 1500 Autokrans zeigt ein „ex Breuer-Auto" nun in Diensten des saarländischen Kranverleihers Born

Das in Belgien ansässige Unternehmen Belin setzte diese lange 48er ein

Ein Statortransport mit Durchsteckträger auf 2x9-Scheuerle-Achslinien kurz vor der Abfahrt im Nürnberger Hafen

Ein Druckbehälter verlässt das Gelände der Firma Leffer Stahlbau

Hier wird abgeladen. Um die genehmigte Höhe einzuhalten, muss die Kippmulde abmontiert werden

Ist mal keine Ballastkiste vorhanden, erfüllt wie bei dieser Zugmaschine ein Betonelement den gleichen Zweck

# Ein 160 t schwerer Wascher geht auf Reisen

Die Stahlbaufirma Lauer aus Dillingen/Saar stellte im April 1993 nach einer dreimonatigen Bauzeit einen sogenannten Wascher für einen Kunden aus Salzgitter fertig. Dort soll er für die Gichtgasfeinreinigung eines Hochofens eingesetzt werden. Die erste Etappe des 160 t schweren Teils ging vom Hersteller über Straßen zum Industriehafen Saarlouis/Dillingen. Den Schwertransport führte die Firma Mayer aus Zweibrücken aus, es kam erstmals die auf 17 Achslinien erweitere Goldhofer THP Anhängerkombination zum Einsatz.

Die imposante Stahlkonstruktion hat einen Durchmesser von 6 m und ist deutlich länger als der zur Verfügung stehende Anhänger. Das Problem wird gelöst, indem man den kleineren Teil am oberen Ende des Waschers in Richtung Zugmaschine herausragen lässt. Der Transport führte über eine Brücke und mehrere enge Kurven, ehe man den Hafen mit einiger Verzögerung erreichte. Die Weiterreise des Kochers erfolgte per Schiff.

**Bereit zur Verladung – Die ballastierte 3548S mit einem Goldhofer THP Anhänger mit 17 Achsen**

**Nach der erfolgreichen Verladung wird der imposante Wascher aus der Fertigungshalle der Firma Lauer gezogen**

Die Ladung weist vorne und hinten einen großen Überhang auf. Der verjüngte Bereich vorn ragt bis an den flachen Zugmaschinen-Ballast ran

Beim Überqueren der extra für diesen Transport nachgerechneten neuen Bogenbrücke über die Eisenbahntrasse in Dillingen blieb nicht mehr viel Platz übrig. Das Ganze wird mit Hilfe eines Hubsteigers überwacht

Als ein Hindernis umfahren werden musste, verbog man sich die Lenkgeometrie des Anhängers ein wenig, so dass die restlichen wenigen Kilometer von Hand nachgelenkt werden mussten

Abweichend zu dem in der Einführung zu diesem Kapitel beschriebenen Schwerlastturm, gab es auch eine Reihe von Fahrzeugen mit dem Heckaufbau des Vorgängertyps 3544S

Bei der 3548S der Firma Kübler waren die Kühler für die WSK oberhalb des Tankes zwischen den beiden Auspuffrohren platziert. Die Luftkessel sind an mehreren Stellen verteilt

Heckaufbau

Die 3548S vom Unternehmen Bohnet hatte keinen Wandler. Deshalb sind auch keine Zusatzkühler sichtbar

Die Firma Morschhäuser hatte auch eine 3548S mit dem kurzen Heckaufbau in Diensten

Das gleiche Fahrzeug versah seine zweite Dienstzeit beim Unternehmen Klein in der Nähe von Trier

Die 3548S von der Firma Schindler hatte als einziges Exemplar einen 2750-mm-Radstand. Lapidarer Grund war der notwendige Platz für die Ballastpritsche, wie auf dem Bild in der Mitte zu sehen ist

Ein seltenes Stück ist ebenfalls diese 3535S der Bauunternehmung Chantré. Neben dem OM442A-Motor mit 269kW/366PS war dieses Fahrzeug mit einem schmalen M-Fahrerhaus ausgestattet

Man kann es kaum glauben, aber alle Bilder dieser Seite zeigen das gleiche Fahrzeug! Einer kurzen 3548S wurde nachträglich zwischen zweiter und dritter Achse der Abstand auf 2 m verlängert

Eine gänzlich ungewöhnliche Optik bietet die 5248S der Berliner Firma Grundt. Hinten hohe 12,00R24-Reifen, große Radläufe am Fahrerhaus und die Heckkühlanlage vom 3-Achser. Aufgrund der Bezeichnung 5248 müsste es sich beim Fahrgestell um eine Variante für den schwedischen Markt handeln. Warum sich die Firma Grund dieses ganz spezielle Auto bauen ließ, ist leider nicht bekannt, könnte aber etwas mit den Genehmigungen zu tun haben. Das Vorgänger-Fahrzeug hatte den gleichen Radstand

# 3-Achser SK 2650/3050 und 2644

Die SK 2650S ist technisch mit dem Vorgängertyp 2648S identisch. Die Änderung der Typenbezeichnung ergab sich aus der Umstellung bei Mercedes-Benz, die Leistungsangaben der Motoren ohne Lüfter in die Typenbezeichnung aufzunehmen. Der OM 442 LA-Motor leistet nun 370 kW/503 PS bei einem maximalen Drehmoment von 2020 Nm.

| Fahrzeug-Typ | Achs-Formel | Basis-Radstand | Achsabstände | Bemerkung |
|---|---|---|---|---|
| SK 2650S | 6x4 | 3200 mm | 3200+1350 mm | kurzer Radstand |
| SK 3050S | 6x4 | 3850 mm | 3850+1350 mm | langer Radstand |

**Die Bilder dieser Seite zeigen die 2650S mit 3200 mm Radstand der Neu-Ulmer Niederlassung der Firma Schmidbauer in deren typischem Design mit Stoßstange und Felgen in Silber**

Die Fahrzeuge der Schmidbauer-Hauptniederlassung in München erkennt man an den Streifen an der Stoßstange. Deren 2650S zieht hier eine Scheuerle 3-Bett-5-Kombination beladen mit einem Sennebogen Grundgerät

Die beiden 3050S der Firma Fricke-Schmidbauer in Braunschweig besitzen den Heckaufbau der 4-Achser inclusive Tank. Aus diesem Grund verbleibt am Fahrgestell zwischen den Achsen genügend Raum für Staukästen und Reserverad

MB 3344AS 6x6 des in der Schweiz beheimateten Unternehmens Piatti

Transport in schwierigem Gelände. Die Firma Marti aus der Schweiz beförderte die eigenen Baumaschinen mit dieser Kombination zu den Baustellen

Das ehemalige Fahrzeug der Firma Marti steht nun im Dienst der Firma Fanger. Hier wird eine Brecheranlage freitragend zwischen den Fahrwerken transportiert

Im Zuge einer „Rundum-Erneuerung" wurde die Zugmaschine mit Ballastpritsche ausgestattet. Zudem wurde die Fahrerhausoptik auf den neusten Stand gebracht

# SK 3550S 8x4 und 3550AS 8x6

Für die SK 3550S gilt technisch das gleiche wie beim 3-Achser. Die Familie hat jedoch erneut Zuwachs bei den Baumustern bekommen; es gibt nun auch 8x6/6-Zugmaschinen.

| Fahrzeug-Typ | Achs-Formel | Basis-Radstand | Achsabstände | Bemerkung |
|---|---|---|---|---|
| SK 3550S | 8x4 | 3200 mm | 1850+1350+1350 mm | kurzer Radstand |
|  |  | 3850 mm | 2500+1350+1350 mm | langer Radstand |
| SK 3550AS | 8x6 | 4100 mm | 2750+1350+1350 mm |  |

Bilder oben: Bei den beiden 3550 der Firma P. Wirzius erkennt man sehr gut die unterschiedlichen Stoßstangen

MB 3550 8x4 der Firma Sauter bei einer Leerfahrt, bewegt wird ein 10-achsiger Goldhofer Roller

Transport eines Liebherr Grundgerätes durch die Firma Regel aus Kassel

Die Firma Bickard Bau setzte diese Zugmaschine ein, um die eigenen Baumaschinen zu Ihren Einsatzorten zu befördern

Diese schöne Kombination war bei der Firma Köhler nicht lange im Einsatz, hier wurde ein Bohrgerät auf der Bauma in München abgeholt

MB 3550 8x4/4 der Firma Hegmann befördert einen Terex Muldenkipper

Die 3550S Zugmaschine der Firma Westfracht aus Essen ist im Gegensatz zu der im Fuhrpark befindlichen 3548S mit einer Schwerlaststoßstange ausgestattet

Sehr auffällig an der Zugmaschine der Firma Bohnet sind die Verkleidungen des Schwerlastturmes aus Edelstahl, die nachträglich die Originalen ersetzten

Die Zugmaschine der Firma Baumann war in der Niederlassung Leipzig zuhause. Markantes Merkmal an dem Fahrzeug ist die schmale Staukiste hinter dem Heckaufbau, sie ist die einzige 4-Achs-Zugmaschine bei Baumann mit kurzem 1850-mm-Radstand

Bei dem Fahrzeug der Firma Hauser fällt der dunkelblaue Heckaufbau sofort ins Auge. Hier ist eine Baggerbett-4-Kombination mit Achsen von Goldhofer unterwegs

Ehemaliges Fahrzeug der Breuer-Gruppe im Einsatz mit einem leichten Kesselbett der Firma Max Goll aus Düsseldorf

Die Bauunternehmung Fischer war auch im Besitz einer 3550, jedoch besaß das Fahrzeug den alten Heckaufbau von der 3544. Zudem wurden auch nicht immer schwere Lasten befördert. Hier ist die Zugmaschine mit einem Kippsattel-Auflieger unterwegs

Die hintere Oberwagenhälfte eines Demag PC9600 sieht wuchtig auf dem 8-Achs Scheuerle-Auflieger aus

Ebenfalls zum Transport der eigenen Kranteile setzt die Firma Wiesbauer diese 3550S ein

Diese frisch lackierte MB 3550S versieht heute ihren Dienst in Russland

Hier noch eine MB 3550 8x4/4 eines Bauunternehmens. Diese Zugmaschine weist den langen Radstand auf, des Weiteren ist noch ein Ladekran hinter dem Heckaufbau angebracht

Die Firma Brandt aus Berlin hatte mehrere 3550 mit langem Radstand in ihrem Fuhrpark

Das Fahrzeug der Firma Adams mit Sitz in Belgien ist schon mit Hochdach ausgestattet

Die Zugmaschine der Firma V. D. Vlist mit langem Radstand bei der Abholung eines Grundgerätes

MB 3550 der Firma Schmidbauer mit einer 7-achsigen Goldhofer Baggerbett THP-Kombination

Transportkombination mit zwölf Achslinien, gezogen von einer Zugmaschine der Firma Pieper, beladen mit einem gewichtigen Schleusentor bei der Ankunft im Dillinger Saarhafen

Die Firma Bautrans hatte eine von drei gebauten 3550AS 8x6 im Einsatz

Diese 3550AS im Dienst des Unternehmens Hegmann hat einen Druckbehälter geladen

Letzte im Bunde ist das Auto der Firma Bohnet beim Transport von Teilen der Elbtunnel-Bohrmaschine

# SK 3-Achser – letzte Generation

Im Jahr 1994 brachte Mercedes-Benz die letzte Generation der seit 1973 gebauten Modellreihe auf den Markt. Äußerlich unterschieden sich die Fahrzeuge durch eine geänderte Frontpartie, die vom Design schon Stilelemente vom Nachfolgemodell Actros besaß.

Beim Antriebsstrang waren die Neuerungen gravierender. Der Euro 2 V8 OM 442 LA hatte nun 390 kW/530 PS und ein maximales Drehmoment von 2300 Nm. Das bisher verbaute ZF-Getriebe war für dieses Drehmoment zu schwach, deshalb musste es dem Mercedes eigenen G240-16/11,7 weichen. Es gab eine weitere Motorvariante mit 320 kW/435 PS und maximalem Drehmoment von 2100 Nm.

Nachfolgend werden wieder zuerst die zahlreichen Varianten der 3-Achser beschrieben. Es sind folgende Typen bekannt:
6x4: 2653S, 3050S, 3350S, 3053S
6x6: 2644AS, 2653AS, 3053AS, 3853AS, 4053AS

Auch bei dieser letzten SK-Generation gibt es bei den 3-Achsern den größeren Variantenreichtum, als bei den 4-achsigen Baumustern. Trotzdem wurden erstere bei weitem nicht in so großer Stückzahl gebaut.

| Fahrzeug-Typ | Achs-Formel | Basis-Radstand | Achsabstände | Bemerkung |
|---|---|---|---|---|
| SK 2653S | 6x4 | 3200 mm | 3200+1350 mm | kurzer Radstand |
| ... | | 3850 mm | 3850+1350 mm | langer Radstand |
| | | 4100 mm | 4100+1350 mm | Frankreichversion 3050S |
| SK 3353AS | 6x6 | 3850 mm | 3850+1350 mm | wegen Zwischengetriebe |
| ... | | | | nur diese lange Version |

MB 3053 6x4 der Firma Geser beim Transport eines Sennebogen Grundgerätes. Wird bei dieser Kombination die Achslast an den Pendelachsen der Fahrwerksmodule von 12 t je Achse nicht überschritten, kann ein Gesamtgewicht von 123,5 t bewegt werden

Die 3350S 6x4 der Firma NCS ist ein Unikat, da bei ihr der Auspuff nicht rechts unter einer Blende, sondern links hinter dem Ölkühler liegt. Weiterhin besitzt das Auto einen Ladekran hinter dem Heckaufbau

Die Firma Pieper benutzt diese 3053S 6x4 mit 3850 mm Radstand zum Bewegen von großen Brocken, wie zum Beispiel einen Autobahn füllenden Ausflugsdampfer

Ein weiterer Exot ist diese luftgefederte 3053LS mit 3200 mm Radstand. Der Heckaufbau ist dem der 3553S der Firma Gutmann ähnlich

Für Frankreich wurde eine besondere Radstands-Variante homologiert, was mit den dortigen Zulassungsbestimmungen zusammenhängt. Ab einem gewissen Radstand darf man dort 3-Achser mit 33 t betreiben. Als Motor kam bei diesen Fahrzeugen vom Typ 3050S noch der Euro 1 mit 370 kW/503 PS zum Einsatz.

Die Lothringer Firma Durmeyer setzt ihr Auto zum Transport ihrer Bohrgeräte ein

Die Zugmaschine von Labatut wirkt aufgrund des langen Radstandes etwas gewöhnungsbedürftig

Ein weiterer 3050S bei einer Baufirma; der Auflieger kann bei Bedarf um ein 2-Achs-Fahrwerk erweitert werden

Auf einem 16-achsigen 1,5-fach gekoppelten Nicolas-Anhänger transportierte die in Nancy beheimatete Firma MKTS eine schwere Stahltrommel für ein Zementwerk über schmale Landstraßen

Am Ende der ersten Tagesetappe wurde ein Kreisverkehr kurzerhand als Parkplatz zweckentfremdet. Die hintere Zugmaschine ist übrigens ein Willème TG250S 8x8

Die beiden MKTS Zugmaschinen sind interessanterweise am Fahrgestell spiegelverkehrt aufgebaut. Bei dem Auto auf dem rechten Bild befindet sich der Tank unüblicherweise links

Bilder oben: Die Firma Baumann hatte drei Exemplare des Typs 3344AS 6x6 in Diensten

Hier wird eine Rohkarosse einer Straßenbahn zur Endmontage befördert

Ein Auto wurde vorwiegend zum Transport von Straßenbahnen eingesetzt. Es war aus diesem Grund mit einem Heckladekran und einer festen Ballastkiste zum Transport der Laderampen ausgestattet

MB 3053 AS 6x6 der Firma Hegamnn Transit aus Sonsbeck. Die ausländische Kenntlichmachung weist auf einen Auslandseinsatz hin

Transport mit 18 Goldhofer-Achslinien gezogen. Bewegt wird ein nicht so breiter, aber dafür hoher Trafo von der MB 3553 6x6

Das gleiche Fahrzeug wie oben verrichtet nun seinen Dienst bei der Firma Cadzow Heavy Haulage

Die Zugmaschine der Firma Zaugg wird eingesetzt, um die Baumaterialien in oft unwegsames Gelände zu verfrachten

MB 3053 AS 6x6 der schweizerischen Firma Fanger

Die Zugmaschinen der Firma Fanger bewegen hauptsächlich das Kranzubehör für die firmeneigenen Großkrane

Die 2653AS 6x6 der Schweizer Firma Toggenburger besitzt ein L-Fahrerhaus. Dies war ein Wunsch des Betreibers, da man oft in engen Baustellen rangieren musste. Der Heckaufbau ist leider etwas von den Staukisten verdeckt. Diese sorgen aber für eine saubere und ansprechende Optik

Der Autokranbetreiber Franz Bracht hat zwei 2644AS 6x6 im Fuhrpark. Dank Allrad-Antrieb sind sie ideal, um Kran-Zubehör auch ins unwegsame Gelände zu befördern, wie beispielsweise zu Windkraftanlagen-Baustellen im Winter, wie bei der Aufnahme unten zu sehen. Ein weiteres Merkmal dieser Zugmaschinen ist der nicht hochgezogene Auspuff. Dieser sitzt links vor den Luftkesseln. Zudem befindet sich links noch das Reserverad zwischen den Achsen

Bei dieser Zugmaschine wurde das Reserverad gegen eine große Staukiste ausgetauscht

Das Unternehmen Manivest aus Hongkong setzt diese MB 3853AS ein

Hier sieht man das Fahrzeug bei der Auslieferung. Besonders fällt das verstärkte Rahmenheck auf

Diese 4053AS wird in Italien von der Firma Aliani betrieben. Hier beim Transport eines Pressenkopfes

Die Zugmaschine wurde mittlerweile mit kleineren 20-Zoll-Rädern bestückt und der Schriftzug 3053 wurde angebracht

# Zugmaschinen von Mercedes-Benz bei der Eisele AG aus Maintal

Die Eisele AG ist eines der größten Kranunternehmen in Südhessen. Im Laufe der Jahre wurden nach und nach auch Schwerlastzugmaschinen von Mercedes-Benz in den Fuhrpark aufgenommen. Im Jahre 1990 wurde eine Mercedes-Benz 3544 8x4/4 gebraucht gekauft. Hierbei handelte es sich um das ehemalige Fahrzeug der Wallek-Spezialtransporte GmbH aus Garching bei München. Ein Jahr später kam eine Mercedes-Benz 3548 8x4/4 zur Eisele AG; bei dieser Zugmaschine handelte es sich um ein Neufahrzeug. Im Jahre 1993 kamen gleich zwei fabrikneue Fahrzeuge zur Eisele AG. Zum einen wurde eine Mercedes-Benz 3550 8x4/4 in Dienst gestellt. Ein halbes Jahr später kam noch eine Mercedes-Benz 3553 8x4/4 hinzu. Zuletzt wurde noch eine Mercedes-Benz 2648 6x4/4 mit WSK im Jahre 1998 angeschafft. Hierbei handelte es sich um ein Fahrzeug aus der ehemaligen Breuer-Gruppe. Einige dieser Fahrzeuge sind heute noch im Einsatz bei der Eisele AG aus Frankfurt am Main.

Dieser 3544S wurde als Gebrauchtfahrzeug von der Firma Wallek übernommen, siehe Seite 55 oben

Der 3548S war eines der ersten gebauten Exemplare dieses Fahrzeugtyps. Hier beim Transport mit 14 Goldhofer-Achslinien, beladen mit einem Pressenteil

Bild oben links:
Diese MB 2648S ist mit einer WSK400 ausgestattet
Bild oben rechts:
Diese MB 3550S wurde als Neufahrzeug in Dienst gestellt

Die zweite Neuanschaffung war diese MB 3553S

Ein Liebherr-Grundgerät aus Nenzing wird nach Bremerhaven zur Weiterverschiffung befördert

# SK 4-Achser – letzte Generation

Die Änderungen, die bei den 3-Achsern bereits beschrieben wurden, gelten natürlich auch für die 4-Achser. Von den 530-PS-Zugmaschinen sind 2005 noch viele im Einsatz, die Fahrzeuge sind beliebt wegen ihrer hohen Motorleistung, die vor allem auch im WSK-Betrieb voll zur Verfügung steht. Letzteres ist bei fast allen neueren Schwerlastzugmaschinen nicht mehr der Fall. Diese sind wegen ihres hohen Drehmomentes zu stark für WSK und den folgenden Antriebsstrang aus der Großserientechnik und deswegen im Wandler-Betrieb gedrosselt.

| Fahrzeug-Typ | Achs-Formel | Basis-Radstand | Achsabstände | Bemerkung |
|---|---|---|---|---|
| SK 3544S / SK 3553S | 8x4 | 3200 mm | 1850+1350+1350 mm | kurzer Radstand |
| | | 3500 mm | 2150+1350+1350 mm | mittlerer Radstand |
| | | 3850 mm | 2500+1350+1350 mm | langer Radstand |

Seitenansicht einer 3553S mit 2150 mm Radstand zwischen erster und zweiter Achse, der am meisten gebauten Variante

Die Firma Grohmann befördert des Öfteren Anlagenteile mit hohem Gewicht. Hier ist eine Kombination mit 16 Scheuerle-Achslinien und einem Zwischentisch unterwegs. Zum Einsatz kamen zwei MB 3553 8x4, wovon eine als Schubmaschine mit Ballastpritsche ausgestattet war

Sollen Zugmaschinen eine hohe Sattellast bieten, aber keine ganz schweren Teile transportiert werden, ist kein Wandler notwendig. Bei solchen Autos befinden sich hinter dem Fahrerhaus lediglich die Komponenten, für die zwischen den Achsen kein Platz ist

Bei dem Fahrzeug der Firma Morschhäuser sind das die Luftkessel. Der Tank befindet sich zwischen den Achsen, was bei Verwendung des langen Radstandes möglich ist

Eine interessante Aufliegerkombination hat diese Zugmaschine ohne WSK mit kurzem Radstand aufgesattelt. Es soll hiermit wohl ein kippgefährdetes Teil befördert werden

**101**

Bei Zugmaschinen ohne WSK mit kurzem Radstand wurde der übliche Heckaufbau verwendet, allerdings fehlt einfach der verkleidete Kühler auf der linken Seite. An dessen Stelle ist nur der Batteriekasten übrig geblieben

Diese 3553S der Firma Kothmaier aus Österreich kommt ebenfalls ohne WSK aus

MB 3553 8x4 der Firma Paule mit mittellangem Radstand. Diese Zugmaschine besitzt den alten Heckaufbau vom 3544er

Noch ein Fahrzeug mit altem Heckaufbau, diesmal eine 3553 der Firma Paule, ebenfalls mit mittellangem Radstand

Hier erkennt man sehr gut den mit Staukisten verkleideten Heckaufbau

Eine MB 3553 der Euro Mietkran AG. Das Fahrzeug befördert die Abstützungen und das Kranzubehör für einen Großkran

Die Firma Rolf Riedel hat sich im Großraum Hamburg auf den Transport von Baumaschinen spezialisiert. Hier wird gerade ein Cat Bagger mit Longfront-Ausrüstung gefahren

Transport eines Edelstahl-Lagertankes mit Scheuerle Kesselbett der Firma Müller

Fahrzeug der Firma Golling Schwertrans aus Neuburg an der Donau, beladen mit einer Zeppelin Baumaschine

Das ehemalige Fahrzeug der Firma Golling im Schwersteinsatz bei der Firma Geser. Hier geht es mit 143 t Gesamtgewicht zur nächsten Baustelle der Firma Bauer Spezialtiefbau

Oben: Zwei Exemplare mit Schwerlaststoßstange, das Friderici-Auto ist komplett luftgefedert

MB 3553 der Firma Rolf Mumbach. Diese Zugmaschine ist eins von zwei identischen Fahrzeugen

Die Firma Többe ist auch im Besitz einer MB SK 3553 8x4/4 Facelift. Zugmaschinen dieser Generation sind häufig mit Hochdach ausgestattet, wie die folgenden Aufnahmen zeigen

MB SK der Firma Dansk wartet auf die Entladung einer Maschine in einem Seehafen

Der 3553S von Izquerdo/Ibertif zieht eine interessante Komination bestehend aus Scheuerle- und Cometto-Achslinien mit einer Trafobrücke

Hoffentlich kommt keine Brücke! Abfahrt mit einem sehr hohen Heizkessel von der Entladestelle am Rhein zum Peugeot-Werk in Mulhouse

Transport eines Maschinenteiles mit einem 10-achsigen Goldhofer Roller der Firma P. Wirzius, die drei identische Fahrzeuge besitzt

Das Fahrzeug der Firma Markewitsch wird für den nächsten Einsatz auf dem Betriebsgelände vorbereitet

Die beiden Zugmaschinen der Firma Juhl unterscheiden sich in erster Linie nur durch die verschiedenfarbigen Stoßstangen sowie den Schriftzug Schwertransporte auf der Fahrzeugfront

Ein ehemaliges Fahrzeug der Firma Juhl, nun im Einsatz bei der Firma Auto Klug. Diese Zugmaschine wird öfters dazu verwendet, Kranballast zu bewegen. Aufgrund der doppelt angeordneten Nebelscheinwerfer müsste es sich um die rechte der beiden Juhl Zugmaschinen handeln

Der Transport einer Straßenfräsmaschine. Um eine Autobahnfahrt zu ermöglichen, muss sicherlich noch die obere Reling demontiert und die Fahrerkabine abgesenkt werden. Die Zugmaschine besitzt im Gegensatz zu den vorherigen Fahrzeugen einen Radstand von 2500 mm zwischen erster und zweiter Achse

Da passt was drauf; 6-achsiger Ballastauflieger mit 4-achsiger MB 3553 8x4 der Firma Franz Bracht, beladen mit Kranzubehör

Zugmaschine mit langem Radstand der Firma Brande. Sehr auffällig sind die weit hochgezogenen Auspuffrohre

MB 3553 der Firma Schmidbauer mit einer 4-Baggerbett-7-Goldhofer-Kombination. Dieser Transport sieht schon bei der Beladung sehr imposant aus

**109**

Bei diesem Fahrzeug ist zwischen der ersten und zweiten Achse eine zusätzliche Staukiste aus Kunststoff angebracht worden

MB 3553 SK zieht MB 3550 eine Steigungstrecke hoch. Die beiden Fahrzeuge unterstützen den Selbstfahrer „Heuler" der DB am Berg. Geladen hat das Gespann einen Großtrafo

Fahrzeug der Firma Grundt befördert eine überbreite Schweißkonstruktion mit einem 5-achsigen Semitieflader. Das Wort „Semi" steht einfach für halbe Ladehöhe

Diese Kombination der Firma Brandt verträgt maximal 75 t Gesamtgewicht

Transport in idyllischer Umgebung. Die Firma Baumann bewegt einen überhohen Glättzylinder quer durch die Pfalz

MB 3553 8x4/4 der Firma Pieper beim Transport mit 2x7 Goldhofer-Achslinien und Zwischenbett. Da wird auch eine kleine Verkehrsinsel schnell zum Hindernis

MB 3553 der Firma Auto Odak aus Zagreb, beladen mit einem Trafo bei der Ruhepause an einem Grenzübergang

Die Fahrzeuge der Firma Finn Hansen fallen durch ihr ausgefallenes Design auf. Typisch für dänische Unternehmen sind die verkleideten Schwerlastaufbauten

Zugmaschine der Firma Bautrans aus Lauterach mit einer „geliehenen" Ballastpritsche

Für die Firma Liebherr aus Nenzing werden von Bautrans des Öfteren Teile von Hafenmobilkranen befördert. Hier eine Kombination mit einem Unterwagen mit 6 m Breite, Transportgewicht 155 t

Die spanische Firma Hiper Trans transportiert in ganz Spanien Baumaschinen, bzw. deren Komponenten. Hier wird ein Fahrwerk eines Großbaggers befördert

Unter der Plane befindet sich gut geschützt eine Komponente für einen Großmotor

Bei diesem Transport der Firma Hiper Trans wird das Grundgerät eines Liebherr 984 mit einem 8-achsigen Cometto Roller zum Einsatzort gebracht

Diese 3553 8x4/4 einer spanischen Firma besitzt durchweg die große 24er Bereifung. Diese verleiht dem Fahrzeug eine sehr „bullige" Optik. Die Höhe der Sattellast dürfte deutlich über 24 t liegen

Die Fahrzeuge der Firma Torben Rafn fallen durch die komplett verkleideten Heckaufbauten sowie die schöne Farbgestaltung auf

Leichte Tiefbettkombination der Firma V. D. Vlist aus Holland

155 t Gesamtgewicht darf die Kombination der Firma Hegmann Transit auf die Waage bringen

Die Nummer 215 der Firma Pieper hat über dem Heckaufbau eine Staukiste angebracht. Zudem ist zwischen den beiden Lenkachsen links ein Zusatztank befestigt

Dieses Fahrzeug der Firma Paule wird als Schubmaschine verwendet. Um eine bessere Traktion zu erreichen, ist auf dem Fahrzeug eine Ballastpritsche montiert worden

**115**

Das einzige Fahrzeug der Felbermayr Unternehmensgruppe mit weißem Fahrerhaus. Hier wird auf einem 5-Achs Goldhofer Fahrwerksmodul ein Maschinenhaus einer WKA in luftige Höhe befördert

Diese 3553S 8x4 lief zuvor in Spanien und wurde von der Firma Mammoet als Gebrauchtfahrzeug übernommen

Zur Nutzlaststeigerung hat die Firma Torben Rafn einige ihrer Zugmaschinen mit einer Anbolzvorrichtung für eine Zusatzachse ausstatten lassen. Die Achsen sind untereinander austauschbar und bei Bedarf schnell montiert

Solche Zugmaschinen sind in den Niederlanden öfters anzutreffen. Das Dach des Fahrerhauses ist abgeflacht, damit man Gittermast-Krane mit montiertem Mast verfahren kann. Dieser wird dabei nach vorne über das Fahrerhaus abgelegt. Zum Schutz von Fahrerhaus und Heckaufbau befindet sich ein massiver Auflagebock hinter dem Turm

117

Die Zugmaschine der Firma Walter Biedenbach aus Günzburg wurde nach der Auslieferung bei der Firma Paul in Passau zum voll luftgefederten Fahrzeug umgebaut. Ursprünglich war angedacht, diese zur 5-Achs-Zugmaschine umzubauen. Dies scheiterte aber damals an den Vorschriften über das Zulassungsrecht

Die 3553S 8x4/2500 der Firma Gutmann ist ein Einzelstück

Der Heckaufbau wurde sehr flach aufgebaut. Da die Firma Gutmann zahlreiche Transporte mit Drehschemel ausführt, gewährleistet diese Lösung einen großen Schwenkradius für die aufgesattelte Ladung

MB 3553 8x6/4 der Firma Risi. Hier wird ein Ramm- und Bohrgerät von Liebherr mit einer 7-achsigen Baggerbett-Kombination von Goldhofer transportiert. Alle 8x6-Zugmaschinen haben einen Radstand von 2750 mm zwischen beiden Vorderachsen

Ein farbenfohes Gespann stellt dieser Steinbrecher-Transport dar, hier findet ein Tiefbett Verwendung

Ein schwergewichtiger Generator auf dem Weg ins Schiff über eine sogenannte RoRo-Rampe

Transport eines Großtrafos mit einer Seitenträgerbrücke in der Schweiz. Die Firma Friderici ist bekannt für solche Transportaufgaben

Die Schweizer Firma Feldmann befördert des Öfteren übergroße Schiffe über Land

Die in Stuttgart ansässige Firma Scholpp hatte auch eine 3553 8x6/6 in ihrem Fuhrpark. Hier beim Transport eines Pressenteiles für die Automobilindustrie. Hinten schiebt eine 3548 8x4/4

MB 3553 8x6 von Felbermayr. Hier beim Transport einer Turbine für ein Kraftwerk

Trotz etwas abweichender Optik handelt es sich hier um das gleiche Fahrzeug. Mit Ballastpritsche ausgestattet, ist die 3553 8x6 dieses Mal im Anhängerbetrieb unterwegs

# Transport eines 98 t schweren Trafos in der Schweiz

Die Firma Welti Furrer hatte die Aufgabe, einen 98 t schweren Trafo innerhalb der Schweiz zu transportieren. Der Trafo wurde mit einem Schiff aus Belgien über den Rhein nach Basel gebracht. Im Hafen von Basel wurde der Trafo mittels Kran in eine Hochträgerbrücke der Bahn umgeladen. Nach einer zwei Nächte dauernden Sonderfahrt per Bahn durch die Schweiz und den Gotthardtunnel wurde der Trafo inklusive Hochträger in manueller Arbeit auf eine 12-achsige Goldhofer-Nachläuferkombination umgeladen. So wurde dann der letzte Streckenabschnitt bewältigt, bis die Reise dann nach einer präzisen Stollenfahrt tief im Berg in der Maschinenhalle eines Wasserkraftwerkes endete. Dort wurde der Trafo mit einem Kran entladen.

Diese Aufnahme zeigt den Umladevorgang von Schiene auf Straße. Eine Seite ruht bereits auf einem Anhängermodul, während sich das andere Ende noch auf dem Eisenbahn-Fahrwerk befindet

Nachdem auch diese Seite abgestützt ist, kann das Waggonteil entfernt werden und mit Hilfe manueller Lenkung wird der zweite Goldhofer Roller unter die Gleitpfanne der Trafobrücke positioniert

Das Gespann steht bereit zur Abfahrt. Vorne zieht eine MB 3553 8x6 der Firma Welti Furrer. Bei dieser Zugmaschine handelt es sich übrigens um die ehemalige Zugmaschine der Firma Scholpp

Hinten schiebt noch eine 3553S 8x4

Bei einer Kurvenfahrt ist die stattliche Länge der Transportkombination gut zu erkennen

Die wirklich enge Einfahrt zum Stollen

Die einzige 3553 10x8/8, die gebaut wurde. Das Fahrzeug ist als 8x8 ausgeliefert worden, danach ging es zur Firma Paul in Passau. Dort wurde dann die dritte Lenkachse eingearbeitet. Nach der Fertigstellung wurde das Fahrzeug der Firma Torben Rafn übergeben. Hier bekam es den letzten Schliff

Bei diesem Transport einer Sektion für eine Bohrinsel laufen die linken acht Achspaare nur mit. Gezogen wird von der 3553 10x8 auf der rechten Seite

Detailansichten vom Heckaufbau

# Die Generation Actros

Nachdem die SK-Baureihe 1996 durch die Actros-Generation ersetzt wurde, galt dies zunächst nicht für die Schwerlastzugmaschinen; hier wurden die SK noch weitergebaut.

Wenn jemand unbedingt einen Actros für schwere Lasten in seinem Fuhrpark wollte, blieb ihm nichts anderes übrig, als sich von einem auf Lkw-Umbauten spezialisierten Betrieb eine Zugmaschine umbauen zu lassen. Auf Achsumbauten spezialisierte Betriebe sind z. B. die Firmen Jung in St. Ingbert oder Paul-Nutzfahrzeuge in Passau, letzterem ist ein eigener Bericht in diesem Buch gewidmet. Die Umbaumaßnahmen beschränken sich in der Regel auf den Einbau einer Vorlaufachse. Diese 4-achsigen Fahrzeuge sind da sinnvoll einsetzbar, wo es auf eine hohe Sattellast ankommt. Nachfolgend zwei Fahrzeuge mit Jung-Vorlaufachse.

Bei Mercedes-Benz wurden eigene Versuche mit einer Actros Schwerlastzugmaschine unternommen, aus Kapazitätsgründen jedoch wieder verworfen.

Erst 1999 war es dann soweit, als man beschloss, einen externen Betrieb als Systempartner mit der Kleinserien-Fertigung solcher Fahrzeuge zu beauftragen. Den Zuschlag erhielt die Firma Titan Spezialfahrzeuge in Backnang.

Diese Zugmaschine mit Jung-Vorlaufachse hat die Typenbezeichnung 4657. Da diese Zugmaschine bei der Auslieferung eine 3-achsige 2657 war, hatte man nach dem Einbau der zweiten Lenkachse einfach in der Typenbezeichnung die 2 gegen eine 4 getauscht

Noch unter Titan-Regie wurden die 3353S 6x4 der Firma Berger gebaut

Das Gleiche gilt für das Feldmann-Fahrzeug, es unterscheidet sich jedoch von der Berger Zugmaschine

Die Firma Prangl aus Österreich ist im Besitz mehrerer solcher Zugmaschinen

# Die Generation Actros

Nachdem die SK-Baureihe 1996 durch die Actros-Generation ersetzt wurde, galt dies zunächst nicht für die Schwerlastzugmaschinen; hier wurden die SK noch weitergebaut.

Wenn jemand unbedingt einen Actros für schwere Lasten in seinem Fuhrpark wollte, blieb ihm nichts anderes übrig, als sich von einem auf Lkw-Umbauten spezialisierten Betrieb eine Zugmaschine umbauen zu lassen. Auf Achsumbauten spezialisierte Betriebe sind z. B. die Firmen Jung in St. Ingbert oder Paul-Nutzfahrzeuge in Passau, letzterem ist ein eigener Bericht in diesem Buch gewidmet. Die Umbaumaßnahmen beschränken sich in der Regel auf den Einbau einer Vorlaufachse. Diese 4-achsigen Fahrzeuge sind da sinnvoll einsetzbar, wo es auf eine hohe Sattellast ankommt. Nachfolgend zwei Fahrzeuge mit Jung-Vorlaufachse.

Bei Mercedes-Benz wurden eigene Versuche mit einer Actros Schwerlastzugmaschine unternommen, aus Kapazitätsgründen jedoch wieder verworfen.

Erst 1999 war es dann soweit, als man beschloss, einen externen Betrieb als Systempartner mit der Kleinserien-Fertigung solcher Fahrzeuge zu beauftragen. Den Zuschlag erhielt die Firma Titan Spezialfahrzeuge in Backnang.

Diese Zugmaschine mit Jung-Vorlaufachse hat die Typenbezeichnung 4657. Da diese Zugmaschine bei der Auslieferung eine 3-achsige 2657 war, hatte man nach dem Einbau der zweiten Lenkachse einfach in der Typenbezeichnung die 2 gegen eine 4 getauscht

Noch unter Titan-Regie wurden die 3353S 6x4 der Firma Berger gebaut

Das Gleiche gilt für das Feldmann-Fahrzeug, es unterscheidet sich jedoch von der Berger Zugmaschine

Die Firma Prangl aus Österreich ist im Besitz mehrerer solcher Zugmaschinen

# Die Generation Actros

Nachdem die SK-Baureihe 1996 durch die Actros-Generation ersetzt wurde, galt dies zunächst nicht für die Schwerlastzugmaschinen; hier wurden die SK noch weitergebaut.

Wenn jemand unbedingt einen Actros für schwere Lasten in seinem Fuhrpark wollte, blieb ihm nichts anderes übrig, als sich von einem auf Lkw-Umbauten spezialisierten Betrieb eine Zugmaschine umbauen zu lassen. Auf Achsumbauten spezialisierte Betriebe sind z. B. die Firmen Jung in St. Ingbert oder Paul-Nutzfahrzeuge in Passau, letzterem ist ein eigener Bericht in diesem Buch gewidmet. Die Umbaumaßnahmen beschränken sich in der Regel auf den Einbau einer Vorlaufachse. Diese 4-achsigen Fahrzeuge sind da sinnvoll einsetzbar, wo es auf eine hohe Sattellast ankommt. Nachfolgend zwei Fahrzeuge mit Jung-Vorlaufachse.

Bei Mercedes-Benz wurden eigene Versuche mit einer Actros Schwerlastzugmaschine unternommen, aus Kapazitätsgründen jedoch wieder verworfen.

Erst 1999 war es dann soweit, als man beschloss, einen externen Betrieb als Systempartner mit der Kleinserien-Fertigung solcher Fahrzeuge zu beauftragen. Den Zuschlag erhielt die Firma Titan Spezialfahrzeuge in Backnang.

Diese Zugmaschine mit Jung-Vorlaufachse hat die Typenbezeichnung 4657. Da diese Zugmaschine bei der Auslieferung eine 3-achsige 2657 war, hatte man nach dem Einbau der zweiten Lenkachse einfach in der Typenbezeichnung die 2 gegen eine 4 getauscht

Noch unter Titan-Regie wurden die 3353S 6x4 der Firma Berger gebaut

Das Gleiche gilt für das Feldmann-Fahrzeug, es unterscheidet sich jedoch von der Berger Zugmaschine

Die Firma Prangl aus Österreich ist im Besitz mehrerer solcher Zugmaschinen

Die Zugmaschinen sehen von vorne in der Regel gleich aus, doch bei der Anordnung der Aggregateträger hinter dem Fahrerhaus sieht man bei genauer Betrachtung gravierende Unterschiede. Beim Fahrzeug der Firma Berger besteht der Ölkühler aus zwei übereinander angeordneten Aggregaten. Staukisten und Ölbehälter sitzen auf der linken Seite

Beim Fahrzeug der Firma Feldmann sitzt ein Ölkühler rechts unten. Der Ölausgleichsbehälter befindet sich direkt über dem Kühler. Dafür ist dann auf der linken Seite Platz für Staukisten. Die Zugmaschinen der Firma Berger und der Firma Feldmann haben den Tank zwischen den Achsen angebracht

Anders sieht es beim Fahrzeug der Firma Prangl aus. Hier ist im Heckaufbau der Tank quer unter dem Ölkühler angeordnet. Er entspricht dem der 4-Achser, die weiter hinten vorgestellt werden. Der gewonnene Platz zwischen den Achsen wird für Staukisten genutzt

Die Zugmaschinen der Firma Friderici haben den Ölkühler mittig hinter dem Fahrerhaus angeordnet, links und rechts ist Platz für Staukisten

Die MB SLT 6x4 der Firma Baumann ist mit Ladekran und fester Ballastpritsche ausgerüstet. Um einen sicheren Stand während der Kranarbeiten zu gewährleisten, ist der Lkw mit 4-Punkt-Abstützung ausgestattet

Noch ganz neu. Erste 3-achsige Actros SLT 3353 6x4, die von Mercedes-Benz an die Firma Markewitsch aus Nürnberg ausgeliefert wurde

Da der Heckaufbau ursprünglich für die 4-achsigen Zugmaschinen entwickelt wurde, war die Zugmaschine immer etwas „kopflastig" …

… daher hat man sich bei der Firma Markewitsch dazu entschlossen, die Zugmaschine nachträglich zum 4-Achser umbauen zu lassen. Die vierte Achse wurde bei der Firma Titan eingebaut

Ein weiterer SLT 3353 6x4 der Firma Baumann. Die Teile auf der Pritsche sind Auffahrrampen, die beim Laden von Straßenbahnen benötigt werden

Nachdem die Zugmaschine bei der Firma Baumann ihren Dienst getan hatte, wurde diese von einer anderen Firma übernommen. Hier das frisch umlackierte Fahrzeug bei seiner ersten Transportaufgabe

Auf diesem Bild ist gut zu erkennen, wie der Ladekran samt Abstützungen am Rahmenende montiert ist

Bei der Firma Kran Maurer wird diese MB 3353 6x4/4 überwiegend zum Transport von Kranballast und Kranzubehör eingesetzt

Sehr schöne Optik. Die neue Farbgebung der Firma NCS aus Hanau steht den Fahrzeugen besonders gut. Bei dieser Zugmaschine ist übrigens der Auspuff nachträglich nach oben geführt worden

Transport eines Großtrafos mit 20 Goldhofer-Achslinien. Gezogen wird das Gespann von einer MB SLT 3353 6x6 der Firma Baumann

Diese 4053 6x6 verrichtet ihren Dienst in Japan, es werden damit Kraftwerkskompenten transportiert

Actros 4053 6x6 der Firma Mammoet. Diese Zugmaschinen sind für Einsätze außerhalb Europas bestimmt

Hier noch ein schöner Blick auf den Heckaufbau

Zwei Actros SLT 4053 6x6, eine für zivile Zwecke, das andere Fahrzeug wird mit großer Wahrscheinlichkeit im militärischen Bereich Verwendung finden

Die Firma Storz hatte seinerzeit bei Titan eine 3-achsige MB Actros Zugmaschine (2653) abgegeben, um diese zu einer 4-achsigen Schwerlastzugmaschine umbauen zu lassen. Bei dieser Zugmaschine handelte es sich um den ersten bei Titan gefertigten Actros 4-Achser

Etwas später wurde ein weiteres Fahrzeug an die Firma Hack aus Neuwied ausgeliefert, das ebenfalls noch von Titan abgewickelt wurde

Bei diesem Actros SLT 4153 8x4/4 wurde auf den Einbau einer WSK verzichtet

Hier noch einmal alle drei Varianten der Heckaufbauten auf einen Blick:

Beim Fahrzeug der Firma Storz wirkt der Heckaufbau noch etwas „improvisiert"

Es ist die erste Zugmaschine, die den serienmäßigen Heckaufbau der nachfolgenden SLT 4-Achser hatte

Daher wirkt der Aggregatträger ohne Ölkühler hinter dem Fahrerhaus etwas leer. Bei den Betreiberfirmen wird hier oft ein Staukasten untergebracht

Bei dieser gesattelten Kombination sollte der Streckenverlauf keine zu engen Kurvenradien haben

Die noch unbeschriftete Titan unterwegs bei ihrem ersten Einsatz

Actros SLT 4153 der Firma NCS/HCS mit Ballastpritsche

Auf diesem Bild erkennt man sehr gut den Achsausgleich der an den Intercombi Modulen von Scheuerle

Das Fahrzeug der Firma Tirol Trans darf maximal 115 t Gesamtgewicht auf deutschen Straßen bewegen

Dieser Transport wird in den Abendstunden auf große Fahrt gehen …

Zugmaschine der Firma Wiesbauer mit Seitenverkleidung, die im Laufe der Produktion eingeführt wurde

MB 4153 8x4 der Firma H. N. Krane, beladen mit dem Maschinenhaus einer Windkraftanlage

Slalomfahrt mit einem Mastschuss. Um auf kurvigen Wegen wendig zu bleiben, liegt die Ladung hinten auf einem Fahrwerk mit Drehschemel

Hier wird ein Bauteil eines Druckbehälters mit einem 4+5-Kesselbett der Firma Brande bewegt. Gezogen wird die 9-achsige Kombination von einer MB SLT 4153 8x4/4

Mutig! Transport eines Brückensegmentes mit 20 Goldhofer-Achslinien. Am Schwanenhals ist noch ein Zwischentisch angebolzt

Diese Actros SLT war eine der ersten Vorführzugmaschinen bei Mercedes-Benz. Bei diesem Transport der Firma Mammoet musste eine sehr enge Werksausfahrt bewältigt werden

Das gleiche Fahrzeug wurde von der Firma Schwertransport Lau übernommen und in den Hausfarben lackiert

Die Firma Enercon setzt diese Kombination sowohl zum Transport ihrer Windkraftanlagen-Komponenten als auch zum Transport des eigenen Kranzubehörs ein

Die verkleidete 4160S 8x4 ist ein ehemaliges Vorführfahrzeug von Mercedes-Benz

Die Firma Heggli aus der Schweiz ist im Besitz einer Actros SLT 4160 8x4 mit flachem Dach. Da das Fahrzeug nur im Sattelbetrieb eingesetzt wird, konnte man auf eine Schwerlaststoßstange verzichten

Solche Transportaufgaben gehören sicherlich nicht zum alltäglichen Geschäft

Dieser Liebherr Bagger wurde im Herstellerwerk in Colmar/Frankreich abgeholt. In Frankreich ist das „Convoi Exceptionnel"-Schild obligatorisch

Der Actros im Design der Firma Suma Consulting

Einige Beispiele für farblich sehr schön gestaltete Fahrzeuge deutscher Transportunternehmen

Der SLT 4160 war eines der ersten Exemplare mit dem speziell für die Schwerlastfahrzeuge optimierten 609-PS-Motor

Im Auftrag der Windenergie …
Anbei einige Impressionen der Firma Cardan. Diese Firma hatte mehrere MB Actros SLT im Fuhrpark

Das ex Cardan Fahrzeug erhielt bei der Firma Torbn Rafn eine fünfte anbolzbare Achse

Zwei Fahrzeuge der Firma Rostock Trans. Auf den ersten Blick sehen diese beiden Zugmaschinen identisch aus. Doch die Zugmaschine auf dem oberen Bild verfügt über einen kurzen Radstand. Bei Zugmaschinen mit dem langen Radstand werden zwischen den beiden Lenkachsen meistens noch Staukisten angebracht

Großtrafotransport! Der überhohe Trafo geht auf 18 Goldhofer-Achslinien der Firma Baumann auf Reise. Gezogen wird der Transport von einer MB SLT 8x4/4 mit langem Radstand

Bei dieser Zugmaschine der Firma Schmidbauer wurden nachträglich die hinteren Radläufe abgeändert. Auf dem Bild unten links ist das Fahrzeug im Auslieferungszustand zu sehen. Das Bild in der Mitte zeigt die nachträglich umgebaute Variante mit einem Knick in dem Radausschnitt

Die wohl bekannteste Schwerlastzugmaschine der Welt, zumindest was die Anzahl der Fernsehauftritte betrifft. Sie sollte auch mal in einem Technik-Museum der Nachwelt erhalten bleiben

Die Firma Pacton transportiert mit diesem Gespann Eisenbahn-Fahrzeuge, die in der eigenen Werkstatt überholt werden

Die Firma Alfa aus Madrid setzt mehrere solcher 4153S 8x4 mit flachem Fahrerhaus zum Transport schwerer Beton-Fertigteile ein. Die Stoßstange wurde wahrscheinlich in Eigenregie mit einer Anhängerkupplung ausgestattet

Eine 4153 der Firma Paule. Diese Zugmaschine hat keine WSK mit an Bord. Anstelle eines Ölkühlers ist hier eine große Staukiste im Heckaufbau integriert. Zudem besitzt diese Zugmaschine nur eine leichte Kunststoffstoßstange

Nochmal eine SLT 4153 der Firma Paule. Das Fahrzeug besitzt eine schwere Stoßstange mit Registerkupplung. Zudem verfügt die Zugmaschine über die seitlichen Verkleidungen. Sieht man die Zugmaschine von hinten, kann man anhand des fehlenden Ölkühlers erkennen, dass hier keine WSK eingebaut ist

Der Actros 4153 der Firma Morschhäuser ist ein reiner Nutzlast-4-Achser. Es wurde auf alles verzichtet, was nicht benötigt wird, wie z. B. eine Schwerlaststoßstange

MB Actros SLT der Firma Rawcliffe beim Transport eines Pressenkopfes, verladen auf einem Nicolas-Roller

Transport eines Kunstwerkes …? Die Firma Cadzow Heavy Haulage befördert diese Stahlkonstruktion auf zehn Inter-Combi-Achslinien aus dem Hause Scheuerle

Zweimal Actros SLT in Parallelfahrt. Das schwergewichtige Transportgut muss von zwei Zugmaschinen auf den Ponton geschoben werden

Fahrzeug der Firma Jung & Leyener aus Siegen: mit großem LH-Fahrerhaus, aber ohne WSK

Diese Zugmaschine wurde von einem deutschen Unternehmen in gelber Farbgebung bestellt, ist aber kurze Zeit später von der Firma Brande übernommen worden. Dort verrichtet diese Zugmaschine nun ihren Dienst. Hier beim Transport eines gewaltigen Mastschusses mit 6 m Durchmesser

Ein weiterer SLT mit LH-Fahrerhaus ist bei der Firma Cardan/DK im Einsatz

# Trafotransport mit neuer universeller Kesselbrücke

Die Firma Viktor Baumann hatte gegen Jahresende 2003 die Aufgabe, einen 260 t schweren Trafo vom Hafen in Riesa zum Umspannwerk in Streumen zu befördern. Der Trafo kam mit einem Binnenschiff im Hafen Riesa an und wurde mit zwei Großkranen der Firma Maxikraft aus dem Schiff gehoben. Zum Einsatz kamen je ein Liebherr LG1550 und ein LTM1500.

Aufgrund der engen Platzverhältnisse im Hafen wurde der Trafo erst auf einen 12-achsigen Selbstfahrer aus dem Hause Scheuerle verladen.

Im weiteren Arbeitsschritt wurde der Trafo mit dem Selbstfahrer an die Tragschnäbel der Greiner-Kesselbrücke manövriert und dann mit dieser verbolzt, so dass er freischwebend in der Kesselbrücke hing. Nach dem Ladevorgang konnte der eigentliche Transport vollzogen werden.

Zum Einsatz kamen eine MB 3053 6x6/2 und eine Titan 4160 8x4/4 der Firma Baumann. Ziehen bzw. schieben mussten die beiden Zugmaschinen die Kesselbrücke mit 2x14 Achslinien aus dem Hause Goldhofer. Der gesamte Zug kam auf eine Länge von etwa 90 m und hatte eine Gesamtmasse von etwa 450 t. Bei winterlichen Verhältnissen ging es in den Abendstunden los. Trotz des schlechten Wetters kam der Transport termingerecht und ohne größere Probleme an sein Ziel.

Die beiden Kesselbrückenhälften wurden so zu ihrem Einsatzort gebracht

Hier erfolgt das Einhängen der ersten Brückenhälfte an den Trafo, der noch auf dem Scheuerle-Selbstfahrer ruht

Gezogen wurde die 28-achsige Schwerlastkombination von einer MB 3353 6x6

Hinten schob ein Actros SLT 4160. Er ist einer der wenigen gebauten Exemplare mit dem 609-PS-Motor, der noch ohne Verkleidung des Heckaufbaues ausgeliefert wurde. Zudem war es der 100. SLT überhaupt, der von Titan für Mercedes-Benz gebaut wurde

Obwohl die Ladung nur 13 m lang ist, erreicht der Transport etwa 90 m

153

Nachfolgend einige Fahrzeuge aus den Niederlanden. Diese Zugmaschinen haben einen symmetrischen Achsabstand mit 2+2-Anordnung

Heckansicht vom Fahrzeug der Firma Boekestijn. Die Zugmaschine besitzt einen sehr flachen Kühler mittig hinter dem Fahrerhaus

Das Fahrzeug ist ein nach Kundenwunsch gebautes Einzelstück. Der Ölkühler sitzt aus Platzgründen auf der linken Seite hinter dem flachen Fahrerhaus, das normalerweise für Autotransporter vorgesehen ist

Diese MB 4853 8x4/4 mit symmetrischem Radstand ist für den Export hergestellt worden. Dieses Fahrzeug besitzt die große Bereifung sowie ein mittellanges Fahrerhaus

Beim Heckaufbau ist das Auffälligste, dass das Ersatzrad auf der linken Seite unter dem Ölausgleichbehälter befestigt ist. Ansonsten sieht man kaum Unterschiede zu den herkömmlichen Heckaufbauten

# Ein neues Fahrgastschiff für den Ägerisee

Die Verladung am Bodensee erfolgte in Güttingen

Eine ungewöhnliche Optik bietet ein Schiff auf einer Straße ohne Wasser weit und breit

Ein Schiff von einem See zu einem anderen zu befördern ist in der Schweiz oft nur über den Landweg möglich. Ein solcher Transport wird nachfolgend beschrieben.

Ende März 2003 wurde das neue Fahrgastschiff „Ägerisee" von der Bodan-Werft aus Kressbronn am Bodensee in Güttingen/CH mit Hilfe eines 300-t-Autokranes der Firma Keller & Hess aus dem Wasser gehoben.

Mit dem anstehenden Straßentransport wurde die Firma Risi beauftragt, die den Auftrag an die auf Schiffstransporte spezialisierte Crew von Feldmann weiter vergab. Diese setzte für den Transport einen 10-achsigen Plattformanhänger mit kurzem Zwischenbett ein. Als Zugfahrzeug kam das Paradepferd von Feldmann, ein Actros 4157 8x6, zum Einsatz.

Am frühen Nachmittag des 24. März begann die erste Tagesetappe. Es galt elf Bahnübergänge zu passieren, die dazu spannungsfrei geschaltet werden mussten, um so die Oberleitungen durch Anheben unterfahren zu können. Teilweise hatte man hierzu nur sechs Minuten zu einer fixen Uhrzeit zur Verfügung. Daher durften also keine unvorhersehbaren Verzögerungen eintreten. Am folgenden Tag erreichte man wie geplant das Etappenziel.

Nach einem Tag Pause ging es dann auf das letzte Teilstück über Rothenthurm nach Sattel. Auf dieser Strecke gab es die beiden engsten Stellen der ganzen Transportstrecke zu bewältigen; zwei enge Felsdurchbrüche, die zudem jeweils auf einer Kuppe lagen.

Die veranschlagte Zeit von sechs Stunden wurde mit zwei Stunden deutlich unterschritten, so dass man schon kurz nach elf Uhr an der Entladestelle am Hotel Eierhals eintraf.

Hier wurde der 200-t-Kran von Feldmann aufgebaut. Einen Teil des Kranballastes hatte der Actros-SLT auf seiner Ballastpritsche geladen. So konnte man ein Transportfahrzeug einsparen.

Hier die erste 8x6-Zugmaschine, die bei Titan gefertigt wurde. Dieses Fahrzeug hat die Radstände von 2850+1350+1350 mm

Die Firma Bautrans aus Lauterrach ist auch im Besitz einer Actros SLT 8x6

Der Actros SLT 8x8 mit dem M-Fahrerhaus wurde als Prototyp entwickelt, die Fahrzeugbreite beträgt über 3 m. Die Zugmaschine verrichtet mittlerweile ihren Dienst bei der Firma Mammoet

# Actros – neue Generation

Im Zuge der neuen, überarbeiteten Actros-Baureihe erfuhren auch die SLT-Baumuster diese Änderungen. Die OM 502 LA-Motoren stehen ab jetzt als 395 kW/537 PS/2500 Nm-, 425 kW/578 PS/2700 Nm- und 445 kW/609 PS/2700 Nm-Versionen zur Verfügung. Optisch fallen die neuen Fahrerhäuser mit der geänderten Stoßstange auf. Für den SLT wurde deshalb auch eine neue Vorbaustoßstange zur Aufnahme der vorderen Anhängerkupplungen notwendig. Der Schwerlastturm bleibt unverändert, Zugmaschinen, die den Tank hinter dem Fahrerhaus haben, werden nur noch mit Seitenverkleidungen gebaut.

An Baumustern ist eine spezielle Version für Italien dazugekommen, der Typ 4454KS. Es handelt sich hierbei um die Achsformel 8x4/4, allerdings mit symmetrischem Radstand, also 2+2 Achsen.

**Bei der Firma Baumann werden für die großen Transporte Actros SLT 3360AS 6x6 eingesetzt. Es befinden sich mehrere solcher Fahrzeuge im Fuhrpark**

**Ein optisch gelungens Fahrzeug ist der 3360AS 6x6 der Schweizer Firma Piatti. Hier befinden sich Batteriekasten und Luftkessel seitlich am Fahrgestell**

**Die Firma Brunner betreibt ebenfalls eine 3360AS 6x6. Da das Fahrzeug als reine Sattelzugmaschine eingesetzt wird, konnte auf jegliche Anhängerkupplungen verzichtet werden. Ungewöhnlich sind ebenfalls die zusätzlichen kleinen Fenster seitlich hinter den Türen**

Mit dem SLT 3360AS des Chilenischen Unternehmens Ferrovial werden Anlagenteile für Weltraum-Teleskope befördert

Für China bestimmt ist diese Actros SLT 4060AS 6x6. Die grobstollig bereifte Zugmaschine hat den Zusatz-Kühler mittig hinter dem Fahrerhaus. Auffällig sind noch die etwas größeren „Arme" der Außenspiegel

Das M-Fahrerhaus in Verbindung mit der gewaltigen Kupplung und Ballastkiste verleiht der 4060AS 6x6 ein bulliges Aussehen

Nagelneue SLT 4154S der Gollwitzer-Unternehmensgruppe. Das Fahrzeug wurde extra für diese Aufnahme vorzeitig beschriftet

Diese Actros SLT 4154 der Firma Rolf Riedel aus Hamburg besitzt keine WSK. Aufgrund der Seitenverkleidungen ist es von der Seite oder von vorne schwer zu erkennen, ob die Fahrzeuge einen Ölkühler für die WSK aufweisen

Die tschechische Firma APB aus Pilsen besitzt zwei dieser SLT 4160. Neben schweren Betonelementen werden damit auch die eigenen Baumaschinen bewegt

Actros Titan MP2 4160 der Firma Brande/DK. Auf diesem Bild erkennt man sehr gut den 3-Achs-Dolly, welcher gegenüber gesattelten Achslinien einen Gewichtsvorteil hat, allerdings schwieriger zu manövrieren ist

Erster Transport dieser MP2 der Firma Holleman. Transportiert wurden mehrere dieser überlangen und schweren Lagertanks in Rumänien

MB 4160 8x4/4 der Firma NCS. Das Fahrzeug wirkt mit der Ballastpritsche sehr kompakt, ganz im Gegensatz zu den parallel gekoppelten Achslinien mit über 6 m Breite

# Transport einer 147 t schweren Turbine

Die Erhard Kreiling GmbH & Co. KG aus Gießen hatte die Aufgabe, eine Turbine mit 147 t Ladungsgewicht von Görlitz nach Melnik zu befördern. Aufgrund des hohen Gesamtgewichtes mussten im Zuge der Transportstrecke mehrere Brücken statisch nachgerechnet werden. Nachdem die behördlichen Formalitäten erledigt waren, konnte der Transport Ende September/Anfang Oktober 2004 beginnen. Die Firma Kreiling setzte als Zugmaschine eine MB-Actros SLT 4160 8x4/4 ein, des Weiteren kam eine neue 16-achsige Goldhofer THP/UT Roller-Kombination zum Einsatz. Zudem begleiteten den Transport noch eine Schubmaschine sowie ein Lkw mit Ladekran zum Auslegen von Überfahrblechen zum besseren Lasteintrag in den Untergrund. Aufgrund der enormen Höhe und Breite war noch ein Steigerwagen und ein Rüstwagen erforderlich. Letzterer war für die De- und Remontage künstlicher Hindernisse vorgesehen. Den Transport sicherten das firmeneigene BF3 und die Polizei ab.

Die abgeplante 147-t-Turbine wirkt auf den 16 Achslinien relativ kompakt, trotz großer Höhe und Breite

Der komplette Transport inclusive Schubfahrzeug wartet auf einem Parkplatz auf die Weiterfahrt

Impressionen des Transportes: Hat man an der Brücke noch genug Reserven durch das hydraulische Absenken des Anhängers?

Bei der 4160S 8x4/4 mit 2550 mm Radstand zwischen erster und zweiter Achse wurden nachträglich die Seitenverkleidungen entfernt und ein weiterer Staukasten installiert

Die neueste SLT 4160S 8x4/4 des schottischen Unternehmens Cadzow beim Transport eines überbreiten Muldenkippers

Diese farblich sehr ansprechende Zugmaschine setzt das niederländische Transportunternehmen van der Vlist in seiner polnischen Niederlassung ein

Für Italien gibt es den Typ 4454KS 8x4. Das erste Exemplar wird von der Firma Dini zum Transport von Beton-Fertigteilen eingesetzt. Bemerkenswert sind die beiden übereinander angeordneten Kühler

Dieser Actros SLT 4154S der Firma Belin aus Belgien ist die einzige bekannte 8x4/4-Zugmaschine mit einem Radstand von 1950+1950+1350 mm. Dieser wird üblicherweise bei den 8x6/4-Fahrzeugen verwendet, wie die folgenden Beispiele zeigen

Diese 8x6-Zugmaschine wird man nicht mehr auf öffentlichen Straßen antreffen. Sie wird nur für innerbetriebliche Transportaufgaben eingesetzt, wozu das mittellange M-Fahrerhaus völlig ausreichend ist

Die ungewohnte mittige Anordnung der zweiten Achse bietet den Vorteil, trotz angetriebener Vorderachse ein relativ kurzes, wendiges Fahrzeug zu bauen

# Ein Test für den Airbus A380-Transport

Der jüngste Sprössling von Airbus, der A380, ist das größte Passagierflugzeug weltweit. Die einzelnen Komponenten werden in verschiedenen Produktionsstandorten in den beteiligten Ländern gefertigt und in Toulouse in Frankreich zum flugbereiten A380 zusammengebaut.

So kommen Rumpfteile aus dem Hamburger Airbus-Werk und die Flügel aus England. Diese Komponenten werden mit einem Spezialschiff nach Paulliac in der Nähe von Bordeaux gebracht. Von dort gelangen die Teile auf Pontons verladen nach Langon, wo sie auf insgesamt sechs Lkw verladen werden.

Die Transportabmessungen sind gigantisch, alleine eine Tragfläche hat eine Lange von 46 m und eine Breite von 12 m. Hierdurch ergeben sich die maximalen Transportmaße von 50 m Länge, 8 m Breite und 14 m Höhe.

Um die etwa 250 km zwischen Langon und Toulouse zu bewältigen galt es auf 185 km die bestehenden Straßen zu modifizieren. Da die Transporte nur während der Nacht durchgeführt werden dürfen, müssen die Zugfahrzeuge, für die Mercedes-Benz den Zuschlag erhielt, strenge Lärmvorschriften erfülllen. Die mit maximal 25 km/h schnellen Transporte dürfen nur 65 dB Lärm verursachen. Hierzu mussten die Serien-Zugmaschinen mit einer zusätzlichen Lärmdämmung versehen werden, was den Zugmaschinen zu einer etwas ungewöhnlichen Optik verhalf. Eine ebenfalls installierte Satellitenüberwachung trägt mit ihren Antennen ihren Anteil dazu bei.

Die Fahrer für die Transporte werden von der Firma Capelle gestellt, deshalb sind die Fahrzeuge entsprechend beschriftet. Im September 2003 wurde eine Testfahrt mit Lichtraum-Attrappen durchgeführt, um die Fahrzeug-Kombinationen sowie die Strecke zu testen. Der Konvoi bestand aus je einem Tragflächen- und einem Rumpfteil-Transport. Die Zugmaschinen waren noch nicht komplett ausgerüstet, die Umbauten wurden erst nach dem Test ausgeführt.

Der Testtransport bestand aus diesen beiden Fahrzeugen, die tagsüber auf eigens gebauten Parkplätzen abgestellt wurden. Die auf dem Foto zu sehende Attrappe stellt das Lichtraumprofil von zwei schräg gestellten Tragflächen dar

Die imposanten Abmessungen eines Rumpfsegmentes lassen die Zugmaschine wie Spielzeug erscheinen

Vom Typ 3360S/39 6x4 werden vier Zugmaschinen zum Transport der Rumpfteile eingesetzt. Das Bild zeigt ein Fahrzeug in noch ungedämpften Zustand. Die Schalldämmung ist vorgeschrieben, weil die Transporte nachts stattfinden

Mit den beiden 4160AS/39 8x6 werden die Tragflächen transportiert. Hier sieht man das Fahrzeug mit Schalldämmung, die übrigens größtenteils aus Holz besteht! Die Antenne der Satellitenüberwachung ist zwischen Fahrerhaus und Heckaufbau zu erkennen

Der mächtige Actros SLT vom Typ 4860AS 8x8 wurde für einen Kunden in China gebaut. Der Allrad-Antrieb in Verbindung mit der grobstolligen Bereifung garantiert beste Traktion selbst auf unbefestigten Straßen

Der 4460 8x8 der norwegischen Firma Statnett wird zukünftig schwere Transformatoren mit einer Nicolas Seitenträgerbrücke bewegen

**169**

# Firma Paul Nutzfahrzeuge
## Sonderanfertigungen mit Mercedes-Benz-Komponenten

Die Firma Paul Nutzfahrzeuge mit den Standorten in Vilshofen und Passau kann auf eine fast 200-jährige Tradition im Fahrzeugbau zurückblicken. Anfangs war man darauf bedacht, einfache Transportmittel wie Anhänger und Kutschen zu fertigen. Über Jahrzehnte waren es die Schmiede- und Wagenbaubetriebe bei Vilshofen. In den Fünfzigerjahren wurden in einer kleinen Werkstatt Aufbauten und Anhänger hergestellt. Das Hauptgeschäft lag damals darin, Nutzfahrzeuge instand zusetzen und passende Aufbauten für diese zu fertigen. Im Laufe der Jahre orientierte man sich nach einem kompetenten Partner in der Nutzfahrzeugbranche. Im Jahr 1968 wurde eine Partnerschaft mit Mercedes-Benz gegründet. Vier Jahre später hat Mercedes-Benz der Firma Paul den Nutzfahrzeugbereich für den gesamten Passauer Raum übertragen. Da das Firmengelände in Vilshofen bald ausgeschöpft war, entschloss man sich, ein größeres Firmengelände anzuschaffen. Im Jahre 1973 wurde in Passau der großzügig angelegte Nutzfahrzeugbetrieb eingeweiht. 1976 wurde der Passauer Betrieb erweitert, gleichzeitig löste man sich mit den bisherigen Fahrzeugbau-Aktivitäten aus dem gesamten Unternehmen heraus und gründete die eigenständige Firma Paul Nutzfahrzeuge GmbH & Co. KG. Im Zuge dieser Umstrukturierung konnte man sich ganz auf die Entwicklung und den Vertrieb eigener Produkte konzentrieren, hauptsächlich für den Bereich von Achs- und Lenksystemen sowie den Sonderfahrzeugbau für Nutzfahrzeuge. Mit dem Bau einer zusätzlichen Fertigungshalle für Fahrzeugtechniken im Jahre 1993 war man für die Zukunft bestens gerüstet. Bei der Firma Paul verlassen jedes Jahr mehr als 800 Sonderfahrzeuge die Werkshallen. Hier werden Fahrzeuge aller Art mit modernster Technik für individuelle Einsatzzwecke und Kundenwünsche hergestellt. Wir zeigen hier eine Auswahl an Schwerlastzugmaschinen die bei der Firma Paul geplant und umgebaut wurden.

**Zwei 2653 der Felbermayr-Gruppe, die bei der Firma Paul mit einer Vorlaufachse ausgestattet wurden**

Die umgebaute 10x8-Zugmaschine für die Firma Torben Rafn im Auslieferungszustand. Im Einsatz ist dieses Fahrzeug am Ende des Kapitels „3553" zu sehen

Die Kombination der Firma Leitenmeier aus Günzburg wird überwiegend dazu verwendet, die eigenen Baumaschinen zu transportieren

Bei diesem Fahrzeug der Firma Frye sind neben Tank auch Batteriekasten und Luftkessel hinter dem Fahrerhaus angebracht

Bei dieser Zugmaschine der Firma Neeb wurde der Rahmen verlängert. Das Fahrzeug wurde mit einem Ladekran hinter dem Fahrerhaus ausgestattet. Zudem wurden am Rahmenende noch zusätzliche Abstützungen angebracht

Noch ein Fahrzeug der Firma Brande. Hier wurde ebenfalls der Rahmen zwischen erster und zweiter Achse verlängert und verstärkt. Eingesetzt wird die Zugmaschine hauptsächlich zum Transport von Bauteilen für Windkraftanlagen

An diesen Adapter, der direkt auf die Zugmaschine aufgesattelt ist, werden die Masten der WKA einfach angebolzt. Die Ladung hängt dann freitragend zwischen Zugmaschine und Nachläufer

# Blick in die Zukunft

Bei diesem Actros SLT handelt es sich um ein Versuchsfahrzeug. Es wird zum Testen diverser neuer Komponenten benutzt, äußerlich fällt das LH-Fahrerhaus in Verbindung mit der Schwerlaststoßstange ins Auge

Der zweite Versuchsträger besitzt den langen Radstand. Zwischen den beiden Vorderachsen ist das Bluetec-Aggregat angeordnet, es wird für die Euro-5-Motorengeneration benötigt

# Weitere Bücher unseres Verlages

Fordern Sie unser Gesamtverzeichnis an mit Büchern über Autos, Motorräder, Lastwagen, Traktoren, Feuerwehrfahrzeuge, Baumaschinen und Lokomotiven:

Verlag Podszun Motorbücher GmbH, Elisabethstraße 23-25, 59929 Brilon, Telefon 02961-53213, Fax 02961-9639900
Email info@podszun-verlag.de, www.podszun-verlag.de

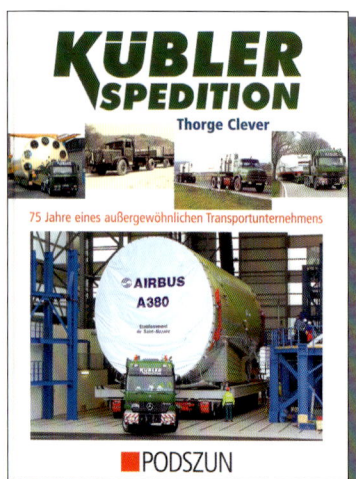

Wenn spektakuläre Schwertransporte stattfinden, ist meistens Kübler im Einsatz. Thorge Clever hat den Werdegang der einstigen Stückgutspedition zum Spezialisten für größte und schwerste Transporte aufgezeichnet. Mit vielen bisher unveröffentlichten Bildern.

144 Seiten
340 Abbildungen
28 x 21 cm
fester Einband
3-86133-386-4
EUR 24,90

Umfangreiche Dokumentation aller Lastwagen und Zugmaschinen von Kaelble mit techn. Daten und Fotografien.

214 Seiten, 300 Abbildungen
28 x 22 cm, fester Einband
3-86133-207-8   EUR 34,90

Wann immer packende Schwertransporte stattfinden, sind Stefan Jung und Michael Müller dabei. Sie dokumentieren, wie gigantische Ladungen über Autobahnen, Landstraßen und durch oft enge Städte geleitet werden.

144 Seiten
288 Abbildungen
28 x 21 cm
fester Einband
3-86133-353-8
EUR 24,90

Die Geschichte von Magirus wird in diesem Buch anhand aller Lastwagen porträtiert. Sie werden ausführlich in Wort und Bild vorgestellt, ergänzt durch technische Daten und Maßzeichnungen.

260 Seiten
745 Abbildungen
28 x 22 cm
fester Einband
3-86133-388-0
EUR 44,90

Außergewöhnliche Schwertransporte in Wort und Bild, Einsätze von Großkranen von Liebherr, Demag und Gottwald.

144 Seiten, 276 Abbildungen
28 x 22 cm, fester Einband
3-86133-314-7   EUR 19,90

Größer, schneller, weiter, schwerer: MAN Schwerlast-Zugmaschinen mit zum Teil riesiger Ladung.

144 Seiten, 290 Abbildungen
28 x 22 cm, fester Einband
3-86133-292-2   EUR 24,90

Wenn die schweren Zugmaschinen mit ihrer gigantischen Ladung auf Reise gehen, beben die Straßen und Autobahnen.

144 Seiten, 280 Abbildungen
28 x 22 cm, fester Einband
3-86133-263-9   EUR 19,90

Von den Allradfahrzeugen mit ihren riesigen Rädern und von Kettenfahrzeugen, die sich durch stärkste Hindernisse fortbewegen, geht eine ungemeine Faszination aus. Michael Schauer war mit seiner Kamera und großem Engagement auf der Spur von Baufahrzeugen, die nicht alle Tage zu beobachten sind.

160 Seiten
470 Abbildungen
28 x 21 cm
fester Einband
3-86133-408-9
EUR 24,90

Mit elf Standorten im europäischen Ausland und 13 allein im Heimatland Österreich ist Felbermayr in den Bereichen Bau, Kran und Schwertransport führend. Spektakuläre Einsätze sind die Spezialität des Unternehmens. Michael Müller stellt den aktuellen Fuhrpark vor und zeigt Bilder aus der Geschichte.

160 Seiten
288 Abbildungen
28 x 22 cm
fester Einband
3-86133-385-6
EUR 24,90

Alle Lastwagentypen von Henschel mit zeitgenössischen Bildern, ausführlichen techn. Daten und Maßzeichnungen.

240 Seiten, 550 Abbildungen
28 x 22 cm, fester Leinenband
3-86133-204-3   EUR 44,90

- Fahrzeugbau Langendorf aus Waltrop
- Die Lastwagen der Dortmunder Kronen Brauerei
- Lastwagen mit skandinavischer Länge
- Frank Fahrzeugbau in Leipzig
- Italiens Nutzfahrzeugindustrie seit 1945

144 Seiten, 295 Abb.
17x24 cm, Broschur
3-86133-396-1   EUR **14,90**

Faun Zugmaschinen, Rosenkranz Autokrane, W. & F. Franke, Firma Paule u.a.

144 Seiten, 277 Abb.
17x24 cm, Leinenbroschur
3-86133-401-1   EUR **14,90**

Unimog Feuerwehr, Eggers, Ematec, Unimog Forst, System Strobel, MB trac u.a.

144 Seiten, 296 Abb.
17x24 cm, Leinenbroschur
3-86133-400-3   EUR **14,90**

Mehrkübelscraper, Gummiraupenlader, MGA Schleppschaufelbagger, Yumbo u.a.

144 Seiten, 312 Abb.
17x24 cm, Leinenbroschur
3-86133-398-8   EUR **14,90**

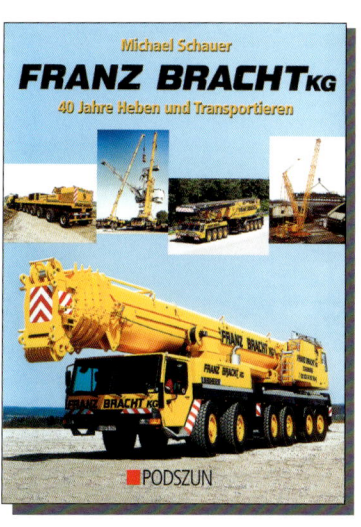

Anhand packender Abbildungen und mit detaillierten Beschreibungen stellt Michael Schauer den aktuellen Fuhrpark der Franz Bracht KG vor.

160 Seiten
296 Abbildungen
28 x 21 cm
fester Einband
3-86133-379-1
EUR **24,90**

Die Geschichte der Nutzfahrzeuge der Daimler-Benz AG mit den interessanten Höhepunkten der Zeit von 1926 bis 1945, der Nachkriegs- und Wirtschaftswunderjahre, der Übernahme von Henschel usw. Spannend geschrieben und vorzüglich bebildert.

144 Seiten
255 Abbildungen
28 x 22 cm
fester Einband
3-86133-285-X
EUR **24,90**

Dokumentation aller Omnibus- und Lastwagentypen, die von der KVG bis 1948 eingesetzt wurden.

215 Seiten, 310 Abbildungen
28 x 22 cm, fester Einband
3-86133-191-8   EUR **34,90**

Rund 270 MAN-Großfahrzeuge sind im Dienst der Stadt Nürnberg, mehr als in jeder anderen deutschen Großstadt. Die Autoren zeigen die Fahrzeuge im Einsatz und legen eine umfassende Dokumentation vor mit Beschreibungen, technischen Daten und Hintergrundberichten.

144 Seiten
310 Abbildungen
28 x 22 cm
fester Einband
3-86133-359-7
EUR **29,90**

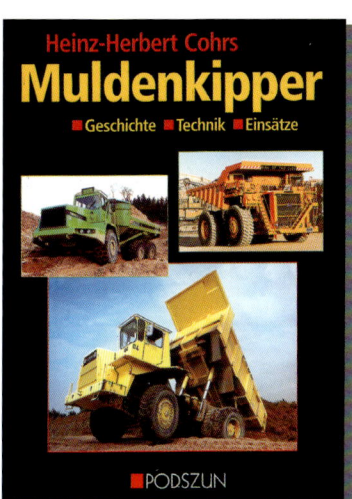

Muldenkipper aller Art im Erd- und Tiefbau umfassend erläutert. Mit einzigartigen, bisher unveröffentlichten Abbildungen von Muldenkippern im Einsatz. Mit viel Historie und allen relevanten technischen Daten.

192 Seiten
405 Abbildungen
28 x 22 cm
fester Einband
3-86133-327-9
EUR **34,90**

Aufstieg und Fall der berühmten Marke mit sämtlichen Lastwagentypen, allen Daten und Maßzeichnungen.

240 Seiten, 420 Abbildungen
28 x 22 cm, fester Leinenband
3-86133-157-8   EUR **44,90**